ボードゲームソムリエがおすすめする

厳選ゲーム

仲間で盛り上がる

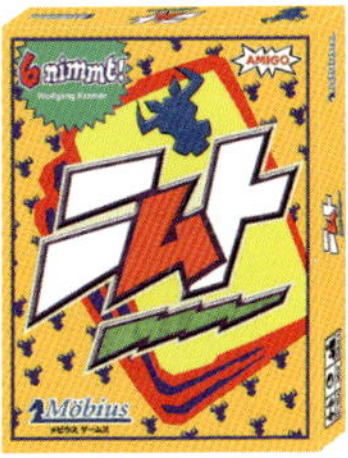

ニムト

[販売元]メビウスゲームズ
[価格]1,200円(税込)
[プレイ人数、プレイ時間目安、対象年齢]
2～10人、30分、8歳～

七並べのように数字を順番に並べて、6枚目にならないようにするカードゲーム。ドイツを代表するカードゲームとも呼ばれており、2～10人という遊べる人数の幅広さと人数毎に違う面白さが人気の秘訣。1994年ドイツ年間ゲーム大賞ノミネート作品。

狩歌 基本セット

[販売元]Xaquinel Inc.
[価格] 基本セット1,280円+税
　　　応用セット　720円+税
[プレイ人数、プレイ時間目安、対象年齢]
2～8人、5分～、6歳～

©Xaquinel Inc.

2016年のゲームマーケットで登場。実際に音楽を流して、歌詞に出てきた言葉をかるた取りするという画期的なルールがマニアから一般の方まで、幅広い支持を得る。その影響もあり、一時期は入手困難にもなったほどの人気を誇る作品。

ごきぶりポーカー

[販売元]メビウスゲームズ
[価格]1,800円(税込)
[プレイ人数、プレイ時間目安、対象年齢]
2～6人、20～30分、8歳～

嫌われ者の生き物たちを押し付けるゲーム。8種類のカードを使うシンプルなルールながら、奥深い心理戦を味わうことができます。相手の表情や仕草、空気感などを感じ取るまさにアナログならではの魅力を体験できる。

ウボンゴ スタンダード版

[販売元]株式会社ジーピー
[価格]3,960円+税
[プレイ人数、プレイ時間目安、対象年齢]
1～4人、25分、8歳～

テトリスのようなパネルを使い、決められた形にはめ込むパズルゲームです。単純ながらも程よい難しさで誰もが気軽に楽しむことができ、完成したときに叫ぶ「ウボンゴ！」というセリフがゲームを盛り上げてくれます。

ボードゲームソムリエ
松永直樹・制作のゲーム

『7つの習慣®』ボードゲーム ～成功の鍵～

[販売元]いないいないばぁ
[価格]20,000円＋税
[プレイ人数、プレイ時間目安、対象年齢]
3～6人、12歳以上、60～120分

全世界3000万部以上を記録しているベストセラービジネス書『7つの習慣®』。この『7つの習慣®』で書かれている、数百年にわたって蓄積されてきた成功のエッセンスを『体験』でき、プレイするたびに成功に一歩近づくボードゲームです。

クラウドファンディングで
1200万円を達成して制作

7つの秘宝 ～『7つの習慣®』ボードゲーム～

[販売元]いないいないばぁ
[価格]8,800円＋税
[プレイ人数、プレイ時間目安、対象年齢]
2～4人、10歳以上、60～90分

ロールプレイングの要素を取り入れ、親子でも大人同士でも楽しむことができるように設計したボードゲームです。子どもや家族、友人や仲間と一緒に、遊びながら『7つの習慣®』の世界を『体験』できます。

クラウドファンディングで
1000万円を達成して制作

会社で初対面でも盛り上がる

花火／HANABI 日本語版

©2014 Cocktail Games / Les XII Singes

[販売元]ホビージャパン
[価格]1,600円+税
[プレイ人数、プレイ時間目安、対象年齢]
2～5人、約30分、8歳以上

全員で協力して花火を打ち上げることを目指すゲーム。他の人とうまく意思疎通しないと、なかなか花火は打ち上がらないので、チームビルディング力が試されるともいえます。2013年ドイツ年間ゲーム大賞受賞作品。

スコットランドヤード

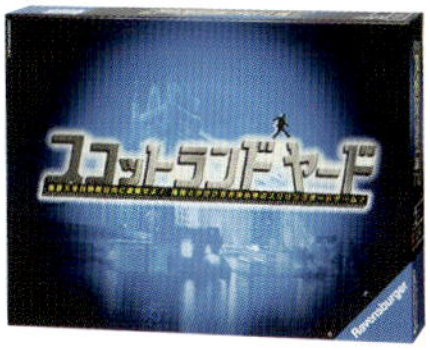

[販売元]株式会社カワダ
[価格]4,500円+税
[プレイ人数、プレイ時間目安、対象年齢]
3～6人、45分、10歳～

１人が怪盗となり、他の人たちが警察チームとなって怪盗を追い詰めるゲームです。警察側はどこに怪盗が逃げたかを推理して、うまく協力し包囲網をつくらなければなりません。1983年ドイツ年間ゲーム大賞受賞作品。

お邪魔者

[販売元]メビウスゲームズ、すごろくや
[価格]1,500円(税込)
[プレイ人数、プレイ時間目安、対象年齢]
3～10人(5人以上推薦)、30分、8歳～

金塊を目指して掘り進んでいくのですが、一緒に掘り進む仲間の中には、金塊にたどり着かせないようにするお邪魔者が紛れているので、うまく見極めなければなりません。10人までと、人数が多いときにおすすめの作品。

ウィ・ウィル・ロック・ユー 日本語版

©Interludo - Cocktail Games

[販売元]ホビージャパン
[価格]1,600円+税
[プレイ人数、プレイ時間目安、対象年齢]
4～12人、約10分、10歳以上

名曲のリズムに合わせて、ポーズをするゲームです。面白おかしいポーズをするカードが入っているので、勝敗関係なく盛り上がります。手拍子をするので、遊ぶ場所を選びますが、大勢でわいわい楽しみたいときにおすすめ。

家族で盛り上がる

メモアァール！日本語版

[販売元]ホビージャパン
[価格]1,800円+税
[プレイ人数、プレイ時間目安、対象年齢]
2〜4人、10〜20分、8歳〜

2017年に登場、話題になった記憶ゲームです。神経衰弱のようなシンプルなルールながらも、今までにない斬新な展開で盛り上がれます。記憶ゲームは小さなお子さんでも大人と対等に勝負できるので、家族で遊ぶのもおすすめ。

©2018 Edition Spielwiese

おばけキャッチ

[販売元]メビウスゲームズ
[価格]1,800円(税込)
[プレイ人数、プレイ時間目安、対象年齢]
2〜8人、20〜30分、8歳〜

めくったイラストに適したものを一番早く取るアクションゲームです。ルールはシンプルですがどのコマをとればいいか迷うため、一筋縄ではいきません。見た目も可愛らしいので、小さなお子さんにも大人気な作品。

ワードバスケット

[販売元]メビウスゲームズ
[価格]1,500円(税込)
[プレイ人数、プレイ時間目安、対象年齢]
2〜8人、10歳以上、10分

「しりとり」を題材にしたカードゲームです。ボキャブラリーが求められるゲームですが、日本語を使ったゲームなので、老若男女で楽しめます。テレビや新聞などのメディアでもよく取り上げられる日本を代表する作品。

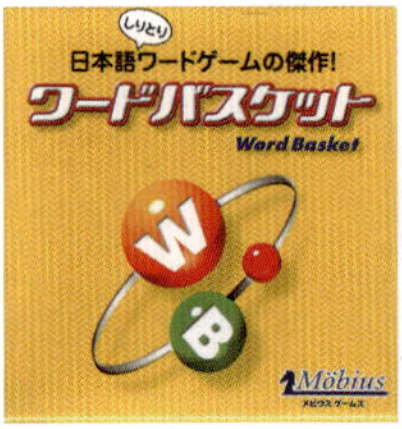

コンプレット

[販売元]メビウスゲームズ
[価格]2,800円(税込)
[プレイ人数、プレイ時間目安、対象年齢]
2〜4人、30分、8歳〜

1〜100の数字が描かれたコマを並べるゲーム。数字がわかれば小さなお子さんでも楽しめ、大量の木のコマもわくわくさせてくれます。ほどよい戦略と運のバランスも素晴らしく、ついつい何度もやりたくなる作品。

戦略と
情熱で
仕事を
つくる

自分の強みを
見つけて
自由に生きる技術

ボードゲームソムリエ
松永直樹

ダイヤモンド社

はじめに

「好きなことで生きていく」

そんな風に言えるのは、たった一握りの「何者か」である特別な人だけ。

だから、どうにかして何者かになりたいと、僕はずっとそう思っていました。


今、僕は29歳です。平均的な、いわゆる普通の人生を送ってきました。

出身は埼玉県春日部市。『クレヨンしんちゃん』の舞台として有名ですが、名所があるわけではありません。両親は共働き、父親は体育教師、母親は幼稚園の先生と、どちらかと言えば保守的な家です。そして妹と弟がいる3人兄弟の長男。

高校まで公立で、まあまあの私立大学に進学。海外留学に行ったこともなければ、何かのチャンピオンになったことがあるわけでもありません。


ただ、好きなことはありました。それは、アナログな「ボードゲーム」です。6歳で『人生ゲーム®』にハマり、以来、ずっとボードゲームに夢中でした。日本だけでなく海外のゲームにも興味が湧き、おこづかいやお年玉などは、すべてボードゲーム購入に使い、さらに学校で良いことをして表彰されたり、テストで良い点を取ったときに親からもらった臨時収入も、すべてボードゲームにつぎ込みました。

それでも足らずに「この間もらったお年玉で、あのゲームを買おうよ」と、弟や妹をそそのかして、自分の欲しいボードゲームを買ってしまうということも。

このようにハマりにハマった結果、僕は**中高生の頃から何百個ものボードゲームを持つような子どもでした**。

ボードゲームは奥が深い世界で、世界各地で発売されたボードゲームを現地に行って購入したりする僕よりもスゴいコレクターもいます。

でも僕は、海外の珍しい商品を手に入れるとか、だれかと勝負して勝つといったことが好きなのではなく、プレイするときの楽しそうなプレイヤーの笑顔が見たい、その空間に一緒にいたい、というタイプの「ボードゲーム好き」でした。

そして、年齢が上がるにつれて、できればボードゲームにかかわる仕事がしたいなあと漠然と思っていましたが、そもそもニッチな世界だったため、仕事のイメージもわきませんでした。

でも、僕は今、「ボードゲームソムリエ」という肩書きで、さまざまな企業からボードゲーム開発のオファーやボードゲームを紹介する仕事をいただいています。大学を卒業してＩＴ企業に就職したころには考えもつきませんでしたが、**大好きなボードゲームに関する仕事だけで人生を楽しみ、充実した日々を過ごすことができているの**です。日本でこのボードゲームを作ったり、関連した仕事だけで「食えている」人は、ほとんどいないでしょう。こんな普通の僕が、気づいたら新しい仕事をつくっていたのです。

そのきっかけは、世界で３０００万部、日本でも２２０万部以上売れている、成功者の習慣を記した『７つの習慣』という本。その本の世界を体験するボードゲームを制作したことです。このゲーム作成のために、当時、あまり知られていなかったクラウドファンディングで１２００万円以上を集め、制作、そして販売までこぎつけました。

さらにその結果があって、原泰久先生の漫画『キングダム』のボードゲーム制作をしたり、『マツコの知らない世界』に人生ゲームに詳しい人として、出演もできました。

今では、ボードゲームに詳しい人ということでテレビや雑誌、ネットなどに登場したり、最近では、中学生に仕事や将来について話すという機会をいただいたり……と活動が広がり始めたのです。

流されて就職しても、結局は続かなかった

そんな僕も、この新しい仕事をつくるまでに、いろいろと紆余曲折を経験しています。

僕は、大学時代から、数多く存在するボードゲームをセレクトし、紹介する「ボードゲームソムリエ」を名乗っていました。

ボードゲーム会などのイベントや、経営者の方たちに呼ばれて、その会の趣旨に合ったゲームを紹介していたのですが、学生の頃にはそれで収入を得られたことはなかったので、肩書きはつけていても、それで「食えて」いけるとはまったく思っていませんでした。

そして結局、流されて他の同級生と同じように、大手の一部上場企業へ就職します。

けれど、「これは自分のやりたい仕事ではない」「この会社にいたら、息が詰まってしまう」と、たった2ヶ月で辞めてしまったのです。新卒入社では、ありがちなことかもしれませんが、僕は、後先考えずに飛び出してしまいました。

その後、まったく収入がなかったりして、辞めなきゃよかった……と後悔もしました。そして、自分はボードゲーム以外のことは、社会人としてまったく適合できないと悟ったのもそのころです。仕事を転々として、いつもお金がありませんでした。

電車代を浮かせるために徒歩や自転車で移動、賞味期限切れ寸前の一斤50円の食パンを買って冷凍し、それで何日も食いつないでいたこともあります。それでもボードゲームで何者かになりたい、好きなことを仕事にしたい、そう思っていたのです。

そんな迷走をしていたときに、大学時代にお世話になった経営者の前田一成さんという方と、久しぶりに会うことになりました。彼の事業のことや近況などをつらつらと話していているとき、僕の置かれている状況を知ってか知らずか、前田さんはこう言いました。

「ボードゲームは松永くんの強みだよね。私は、君がそのボードゲームで世界で一番

になれる可能性のあるポジションにいると思う。なのに、なぜそれを目指さないんだい？」

僕はそれを言われたとたん、え？　と、思いました。

もしかして、僕は世界一になれる？
自分の好きなことで、世界のトップになれる？
その可能性がある？

「世界一」という強烈な言葉は、それだけで輝いて見えました。単純かもしれませんが、悩んで行き先を迷っていた僕には、お告げのような気さえしたのです。

そして、彼は世界一というゴールを見せてくれたのと同時に、「中途半端な気持ちでやるんだったら、やめておけ。本気の覚悟がないならボードゲームを続ける意味はない」と、そんなことも言ってくれました。

そのとき、僕は、「ここまで言ってくれる人がいる。確かにこのままの中途半端な覚悟なら、これ以上やっても大したモノにはならないだろう。でも……僕はボードゲームを辞めたくない。世界一を目指したい」。

そう思いました。

だったら、覚悟を決めてやろう。今日から。今、この瞬間から。

そして僕は、その場で「ボードゲームで世界一になります」と宣言をしました。

そこから僕の言動が大きく変わりました。目標が決まったからです。前述した『7つの習慣Ⓡ』のうちの第二の習慣に『終わりを思い描くことから始める』というものがありますが、まさにそれでした。

本気の覚悟と、それを伝え切る情熱があればいい

その日から、僕は、世界一になるためにはどうしたらいいのかと戦略を練りました。

お金もなく、実績もない。あるのは情熱だけ。

僕は、行動し続けました。ボードゲームを武器に戦略を立てて、5000人以上の人と出会い、そしてついに世界で有名な『7つの習慣Ⓡ』をゲームにするというチャンスをモノにしたのです。まさに情熱だけで。それは25歳のときでした。

いろいろと回り道をしましたが、結局、自分の強みを自覚して「覚悟」さえ決めれば良かったのです。**ただしその覚悟は「本気の覚悟」でないと、自分でも、自分を信用できないし、誰も協力はしてくれません。そして、その覚悟を周りに伝え切る「情熱」。さらに世界一になるための「戦略」**。

だから「何者かになる」というのは、そんなに重要ではありませんでした。

卵が先かニワトリが先か、と同じで、目標を決め、情熱を持って行動することで、その行動が加速し、気づいたら僕は「あの人は、ボードゲームの人だ」とブランディングされるようになっていたからです。

僕の場合の「覚悟」、それは、世界一になるという覚悟です。そしてボードゲームで世界を変えるという本気の覚悟でした。

だから、僕はこの本で、それを伝えたいと思っています。

まったく普通の、お金持ちでもなく、華麗な経歴も人脈もなかった僕が、どうやって好きなことを仕事にできたのか。これは、やり方さえ合っていれば、いろいろとアレンジできると思っています。

今、この本を読んでいるあなたにもできると信じています。なぜなら、好きなことがないという人はこの世にいない。突き詰めれば必ず誰もが好きなことを持っているからです。そして、この本を読んだことで、僕のように紆余曲折しないで、最短で「好きなことを仕事にする」ということを成し遂げられるかもしれません。

人生は一度きり。今、世の中にない仕事でも、その需要があれば、自分の好きなことで食べていけるようになります。

この本が、みんなの一歩を踏み出すきっかけになったらいいなという思いをこめて。

２０１９年６月

松永直樹

【目次】

第3章

本気の「覚悟」が人生を変える

第4章 人と争わないで1番になる

第1章

仕事がないなら、つくればいい！

はじめまして。ボードゲームソムリエの松永直樹です

2018年末から2019年1月、全国のロフトで「ボードゲームソムリエ松永直樹がおすすめするボードゲーム」というコーナーができました（次ページ上写真）。ボードゲームというのは年末から年始にかけて、「みんなが集まる時期」によく売れる商品です。

そのとき、僕が紹介したのは、どんな状況で遊ぶのか？　という点に焦点をあてて、

・家族で遊ぶとき→シンプルなボードゲーム
・友人と遊ぶとき→戦略性のあるボードゲーム
・パーティーのとき→大人数で遊べるボードゲーム

そのほか

・「ドイツ年間ゲーム大賞ノミネート作品」

などにわけて、20種類以上のゲームをご紹介しました。

例えば、この中でおすすめした『ハゲタカのえじき』というドイツ生まれのカード

全部で20種類以上のゲームを紹介(渋谷ロフト)

ハゲタカのえじき●販売元:メビウスゲームズ●価格1,500円(税込)●プレイ人数2～6人(4～6人がおすすめ)●プレイ時間目安15分●対象年齢7歳以上

ゲームがあります（前ページ下写真）。

「ハゲタカのえじき」は、1988年に発表され、今でもロングセラーとして販売されているカードゲームです。ボードゲームの世界では一番権威があるといわれる「ドイツ年間ゲーム大賞」でも同年に大賞候補として選ばれています。

このゲームの内容は、1～15のカードを1回ずつ使って数字比べをして、数字の一番大きいカードを出した人が、得点カードをゲットできるというものです。

ただし、他の人と同じ数字を出してしまうと、得点カードを取ることができなくなるところがこのゲームの面白いところです。

つまり、高得点を狙って大きい数字のカードを単に出すだけでは、他の人も同じような考えで出してくるため、数字が同じになってしまいます。カードを出すタイミングを考えたりする戦略が必要なゲームで、ドイツでは30年以上愛されています。

そもそも日本においては、ボードゲームという言葉はあまり知られておらず、「オセロ®」や「人生ゲーム®」など、固有名詞そのものが認知されています。

しかし、海外のボードゲームは、サイコロを振って、ただゴールを目指すだけのものではなく、毎年1000個以上の新作が発表され、多種多様な種類が存在するエンターテインメントとして認識されています。

また、ボードゲームで遊ぶのは日本では小さな子ども、もしくは将棋などの一部のプロが大半ですが、海外では、男性・女性に関わらず一般の大人でも遊ぶものです。その内容も運のみ、もしくは実力がすべてというものではなく、戦略は必要ですが、ときには初心者も勝てるなどといった、非常に幅広いカテゴリーのゲームがたくさんあります。ここ10年くらいは、日本国内でもこういった海外の新しいボードゲームの認知が急速に高まってきています。

世界中には、10万個以上のボードゲームが存在しますが、その中で、**その場にいるプレイヤーにあったもの、面白いものをご紹介するのが「ボードゲームソムリエ」としての僕の仕事です。**

また、ボードゲームの設計をして、ゲームをつくるボードゲームデザイナーという仕事もしています。この仕事で僕は本などをはじめとしたさまざまなコンテンツをベースに、その世界観を体験できるゲームを作ることをメインとしてやっています。

今、ボードゲームが密かな人気!!

「ボードゲーム」とは、テレビやパソコンを使わないアナログゲーム全般を指しています。チェスや囲碁などの盤面を使うものはもちろんですが、最近ではカードだけでプレイする『トランプ』や『UNO《ウノ》』、テレビのバラエティ番組にもなった『人狼《じんろう》』などもボードゲームとしてまとめることもあります。そして、今、実はボードゲームが密かな人気となっているのです。

©監修　株式会社人狼

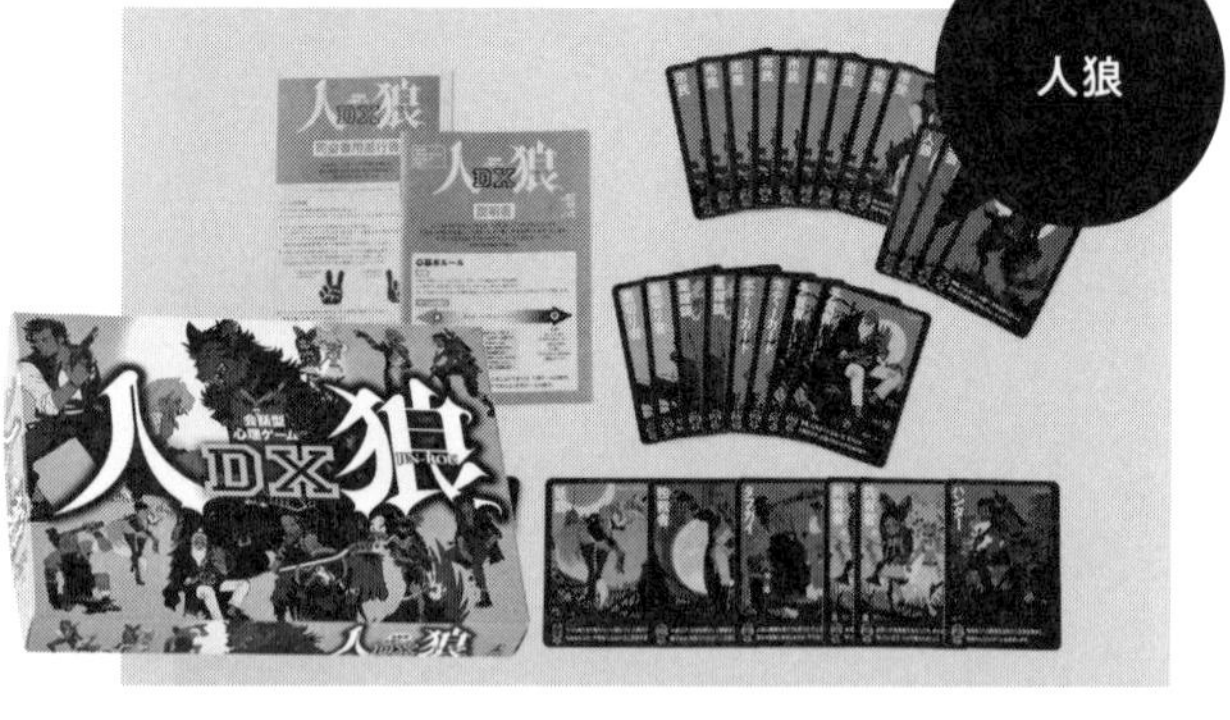

会話型心理ゲーム　人狼DX●販売元:株式会社幻冬舎●価格1,700円＋税●プレイ人数4～20人●プレイ時間目安10～50分●対象年齢10歳以上　イラストレーション　上田バロン　◎ある村に突如表れた「人の見た目をした狼(人狼)」を見つけ出すゲーム。村人(人狼以外のプレイヤー)が襲われてしまい、どんどんプレイヤーが減っていきます。村人たちは誰が人狼なのかを話し合い、その中で人狼だと思われる人を処刑しなければなりません。逆に人狼のプレイヤーは、正体がバレないように村人を全滅させることを目指します。

ボードゲームイベントも盛り上がっている

2000年から始まり、現在では年3回も開催されている「ゲームマーケット」というイベントは、「電気を使わないゲーム」、つまり流行りの携帯ゲームなどは除いたゲームを対象としたイベントです。

このゲームマーケットは春秋には東京で、冬には関西で開催されており、2019年春には、約2万5000人の来場者が訪れるなど盛り上がりを見せています。

また2011年頃からは東京を中心として、「ボードゲームカフェ」が出来始めました。ボードゲームをたくさん取り揃え、行けば実際にプレイすることができるというもので、急激にその数が増え、全国で150店舗近くあります。人数が揃わないとプレイできないものもあるため、一人では遊べなくてもカフェに行けば、その店にいるほかのお客様と一緒にゲームができて仲良く盛り上がれる、ということで、非常に人気です。

さらにメディアへの露出が増えたことも、ボードゲームの認知度向上に大きく影響しています。バラエティ番組でも取り上げられることが多くなり、中でも『ガキの使いやあらへんで』ではダウンタウンさんたちが、いろいろなボードゲームで遊ぶ『世界のテーブルゲームを遊び尽くせ〜!!』という特集を趣向を変えて3回も放送されたりもしていました。

また、NHKの情報番組『あさイチ』では、経済評論家の勝間和代さんがお気に入りのボードゲームのひとつとして『カタン』という島を開拓するゲームを、交渉力が鍛えられるとして紹介していました。『カタン』は、世界中で2000万個以上の販売数を誇るボードゲームの王様とも呼ばれています。

カタン スタンダード版●販売元:株式会社ジーピー●定価3,800円+税●プレイ人数3〜4人●プレイ時間目安約60分●対象年齢8歳以上　◎カタンという島をさまざまな資源を使って開拓していき、最も繁栄させることを目指すボードゲーム。どのように開拓していくかという戦略と、サイコロを振って資源を生み出す運、そして他のプレイヤーとの資源の交渉の3要素が素晴らしいバランスで組み合わさっている名作。1995年のドイツ年間ゲーム大賞を受賞

会社研修にも使われている!!ボードゲームが

ボードゲームの魅力はたくさんあって、その気になれば、話すだけで24時間いける自信もあるのですが、あえてポイントを3つほどあげたいと思います。

まず1つ目は、**初めて会った人とでもコミュニケーションがとれ、仲良くなりやすいということ。**

僕は、大学のころから現在まで、この7~8年で1万人近くとボードゲームをやってきたのですが、ボードゲームほど、人の内面がわかるものはありません。

例えば一見、物静かに見える人が、実は内に闘志を秘めている「負けず嫌い」なタイプということはよくあります。またノリがよくお笑い芸人のようなキャラなのに、案外慎重にコマをすすめる繊細なタイプだったりと、たった1回ゲームをすることで、あれっ? と思うくらい意外な面が見えたりして、それがきっかけで本音の付き合いができるようになります。

また、２００８年に『パンデミック』というボードゲームが発売され「協力ゲーム」というジャンルのゲームが注目されました。

協力ゲームは、プレイヤーの中で誰が１番になるかというものではなく、**全員がゲームの中で協力して、勝つときも負けるときも全員が一緒**という、それまでのボードゲームではあまり見なかったタイプです。

協力ゲームは、当然、全員で協力してクリアを目指すので、自然とチームワークが試されるのはもちろん、一緒にゲームをやることで共通体験を得ることができ、非常に盛り上がります。

©Z-MAN Games

パンデミック：新たなる試練 日本語版●販売元：株式会社ホビージャパン●価格4,000円＋税●プレイ人数2～4人●プレイ時間目安、約45分●対象年齢8歳以上　◎仲間と協力して世界中に広まった感染症の根絶を目指すゲームで、仲間とのチームワークが取れていないと、クリアすることが難しいゲームです。2009年のドイツ年間ゲーム大賞にもノミネートされており、協力ゲームが普及するきっかけともなった、協力ゲームを代表する作品です。

また、プレイヤー間での勝負ではなく、勝ち負けが一緒なので、勝てばみんなで喜び、負けたらみんなで悔しがる……と同じ空気感が味わえます。

そして**2つ目の魅力は「アウトプットができる」**ということ。

あまり知られていないかもしれませんが、大手の企業などでは、会社の研修でボードゲームが使われています。僕は社員研修を請け負っている会社に頼まれて、オリジナルのゲームを開発したりもしていますが、**研修とボードゲームの相性はとても良い**といえます。

例えば、ビジネスを学ぶときにビジネス書を読むことは良いのですが、本を読むこと自体は「インプット」であるため、当然、行動を伴わないと、何も変化しません。

しかし、ボードゲームはそれを実際に自分の頭で考えて、選択し、その選択した結果が勝敗として表れます。つまり、ゲームをすることで自然と「アウトプット」しているのです。

そのため、ただビジネス書を読む「インプット」よりも、実際にボードゲームで「アウトプット」した方が、本当の意味での「腹落ち」がしやすいと言えるのです。

例えば、『キャッシュフローゲーム101』というボードゲームがあります。

これは、日本でもベストセラーとなった『金持ち父さん貧乏父さん』（筑摩書房刊）というお金に関する本をテーマにしたボードゲームです。このゲームをやることで、実際に、収入や支出、キャッシュフローと負債の考え方、バランスシートや投資についてなどを体感することができます。

このゲームは、すごろくのように、サイコロを振って進んでいき、止まったマスによって、投資をしたり、不動産やビジネス（会社）を購入したりして、不労所得を増やしていきます。

キャッシュフロー 日本語版 2019年度版●販売元:㈱マイクロマガジン社●価格18,000円＋税●プレイ人数2〜6人●プレイ時間目安60分〜180分●対象年齢14才以上　※ボードゲームCASHFLOW® は、特許番号5,826,878、6,032,957 及び 6,106,300の米国特許により保護されています。http://cashflow-game.jp/

また、職業カードが割り当てられるのですが、弁護士やパイロットなどの高収入の職業になると、一見良さそうに思えます。しかし、給与の高さに比例して、毎月の支出も高く、家のローンやカードの返済額に加えて、子どもが生まれるとそのコストも他の職業より増えるので、なかなか不労所得だけで暮らすのは難しいという仕組みになっています。そして、それらの収入、支出、資産を計算して、自分の世帯のバランスシートの修正を繰り返していきます。この行動はまさに「アウトプット」といえるでしょう。

このゲームの勝利のポイントは、いかに不労所得を積み上げるか、というところなのですが、これは**本の内容を実践しないとゴールできないようになっているため、自分の選択がもろに勝敗に影響します。よって、成功や失敗をゲームで疑似体感できるのです。**ゲームの設計的には、計算や記入などの作業が多いため、人によっては面白みに欠けるかもしれませんが、本の内容を実際に行うという意味では今までになかった発想のボードゲームだと思います。

そして3つ目は、**戦略思考をトレーニングできる**ということです。ボードゲームは単に楽しく盛り上がるイメージが強いのですが、将棋やチェスなどのように高い戦略性が必要なものも多く、相手はどう出るのだろうか、など、何手先も読むことが勝利につながります。

また、戦略系のゲームの種類は数多く、例えば、交渉が必要なゲームもあります。他のプレイヤーとカードを交換する…といったスタイルは、自分だけでなく、相手にもメリットがあるかどうかということも重要です。そのうえ誰と交渉するか、どうやって説得するかで、勝敗が変わってくるので、自然と交渉能力や、アピール力が鍛えられるのです。

交渉は、相手の感情や表情、その時の空気感なども影響してくるので、デジタルゲームにはないアナログゲームならではの魅力といえるでしょう。

ヨーロッパでは、ボードゲームは大人の「文化」である

日本ではボードゲームはサブカルチャーとして見られる傾向がありますが、ヨーロ

ッパでは、大衆が認める文化として定着しています。

その中でもボードゲームが特に盛んなドイツでは、ボードゲームは子供だけでなく、大人も遊べるものとして認知されており、ドイツを始めとした欧米では毎年1000個以上もの新作が発表されています。

日常的に、家族や友人とボードゲームをプレイするのは余暇の娯楽の定番ですし、『ドイツ年間ゲーム大賞』を受賞したゲームを毎年買って家族で遊ぶという人も多いです。僕にとって、これはとてもうらやましく思えてなりません。ドイツでは、ボードゲームは大人の「文化」として根付いている感があります。

ドイツでは毎年、世界的に有名な『ドイツ年間ゲーム大賞』というイベントと、『SPIEL《シュピール》（正式名称：Internationale Spieltage）』という祭典が開かれています。

『ドイツ年間ゲーム大賞』とは、ボードゲームの世界で一番権威のある賞で、映画の世界でいうと、アカデミー賞のような存在といえます。この賞はボードゲームの専門家たちが、その年に発表されたボードゲームの中で独創的なアイデアやシステムの完成度などを審査し、厳選されたボードゲームを表彰しています。

これで大賞を受賞すると、世界中から注目が集まり、30～40万個は売れるとも言われています。

もう1つの『SPIEL』は、世界一大きいボードゲームの祭典です。わかりやすく言うと、日本のコミックマーケットやニコニコ超会議のような祭典のボードゲーム版ともいえるでしょう。SPIELとはドイツ語でボードゲームのことです。ドイツ西部の都市エッセンで開かれるこのイベントでは、毎年、世界中から新作のボードゲームが集まり、2018年には来場者数が19万人を超えるほどの規模になっています。ボードゲームのマニアからすると、人生で一度は訪れたいイベントといえるのではないでしょうか。

初海外のドイツで知った「死ぬこと以外かすり傷」

僕が大学3年のときに、このドイツのイベント『SPIEL』に行くチャンスが巡ってきました。

それまで海外に行ったこともなく、ドイツ語どころか、英語も満足にしゃべれなかった僕にとっては、あまりにハードルが高くて自分が行けるとも思っていませんでした。しかし、同じようにボードゲームが好きな人と知り合って、ドイツに一緒に行こうと誘われたのです。

「ボードゲームを買いたい」

その時僕は、ただそれだけで日本を離れ、ドイツへ飛び立ちました。ドイツは、日本ではなかなか手に入らないボードゲームが普通に売っていたり、そもそも、ボードゲーム自体の値段が日本の3分の1だったりと、僕にとってまさにユートピアともいえる国だったのです。

僕を誘ってくれた人とは、ネット上のボードゲーム好きが集まるコミュニティで知り合いました。その年上の彼は、海外をよく訪れていたので、僕の代わりにホテルや、飛行機の手配などをすべてやってくれました。

僕がやったことはパスポートを取っただけでした。その人は、せっかくヨーロッパに行くなら先にほかの国にも行っておきたいとのことで、現地で集合することになりました。

ピンチ！　携帯がつながらない！

憧れの聖地に行けることになった僕は、今思うと、ただただ舞い上がっていました。日本を発つ前にその人は「○○時の△△△という番号の電車に乗って、○○時に降りて、△△△という電車に乗り換えて……。降りた駅に18時に集合」というように、とても丁寧に教えてくれていたので、それを書いたメモを片手に僕はそのとおりに空港から電車に乗りました。

このときは、電車の中でコカ・コーラを売っていることに感動して、それを購入して飲みながら、のんきに景色などの写真を撮っていました。

しかし、メモの時間通りに降りた待ち合わせた駅は、とても小さい無人駅。直感で「絶対に、この駅ではない」ということだけはわかりました。

僕はその瞬間、青ざめました。これはマズイ状態なんじゃないかと。

実はその時まで、僕は、海外では海外用のＷｉ‐Ｆｉを用意する必要があることや、海外で携帯を使うなら別途契約しなければいけないことを知りませんでした。

つまり、その場で持っている携帯がまったく使えなかったのです。これでは、待ち合わせした彼と連絡を取ろうと思ってもできません。

僕は、初海外なのに、たった1人で、ネットもつながらず、地図も通訳も翻訳機も英会話本もなく、その日泊まるホテルの名前も何も知らないまま、無人駅にたたずんでいたのです。

僕はここで、初めて海外の洗礼を受けました。今まで住んでいた日本の鉄道は、時間にとても正確で、それが当たり前でしたが、ここはドイツ。日本のように必ずしも正確なわけではないということを身をもって思い知ることになったのです。

どうにかしたいけれど、日本語を話せる人が周りにいないし、僕はドイツ語も英語も大して話せない。携帯はつながらない。でも1つだけ本能的に感じました。

「動かなきゃ、死ぬ！」

当時、10月だったため、ドイツはかなり寒かったことを覚えています。

そして、僕は、もう闇雲にいろんな人に話しかけました。

つたない英語だったので、ほとんどの人からは「なんだこいつ？」と相手にしてもらえませんでしたが、親切な老婦人がいて、僕の英語を一生懸命に聞き取ってくれました。たどり着きたい駅名すらわからないほどパニックになっている僕に、多分この駅じゃない？　と教えてくれて、さらに一緒に電車でその駅まで行ってくれました。

もう後がない僕としては、藁にもすがる思いでした。

そして、教えてもらった駅に降りて、老婦人に別れを告げると、さらにハッとしたのです。日本で言うと渋谷駅のような広いその駅のどこで待ち合わせるかを決めていなかったことに。

しかも、その時点ですでに待ち合わせ時刻に20分近く遅れていました。けれど、動かなければ終わるという思いで、必死に彼を見つけようとスーツケースを引きながら駅を走り回りました。

すると、目の前に見覚えのある人が歩いている！

「あー、松永君、もう来ないから帰ろうと思ったんだよ」

彼は、良かった！　という笑顔で言いました。

これはまさに奇跡でした。僕は初の海外で命拾いしたのです。

日本でもボードゲームを広めたい

こうして、無事、合流できた僕は世界最大のボードゲームイベントを思い切り楽しみました。そこで感じたのがドイツと日本の違いです。

当時の日本だとボードゲームをプレイする人はほとんどが男性で、やっている人は俗に言うオタクと思われていました。実際、僕もそう思っていましたし、僕自身もただのオタクだったと思います。

しかし、ドイツで見た海外のボードゲームをする人たちは違いました。

ドイツでは、泊まったホテルの1階ロビーでボードゲームをする人がたくさんいた

男女の割合がほぼ同じ、年齢も小さい子から高齢の方まで幅広く、国全体に文化として認められている感じがして、マニアがひっそりとやっているオタクというイメージとはかけ離れていました。

特に印象的だったのが、泊まったホテルの1階にかなり広いロビーがあったのですが、なんとそこでは、たくさんの人がボードゲームで遊んでいたのです。日本ではとても考えられないシーンを目の当たりにして、僕はとても衝撃を受けたことを覚えています。

僕はそのカルチャーショックを体感し、

「日本もこんな風になれば最高だ！」

と感じました。

ドイツでは、ボードゲームが日常になじんでいる。僕はたまらなくうらやましくなり、**日本でもボードゲームの認知度を高めて、もっとボードゲームの楽しさを伝えたい。**そう強く思ったのです。

そして、遭難しかかっても日本に戻って来られた奇跡を通して、日本がどんなに安全な場所かということを思い知りました。言葉は通じるし、携帯も普通に使える。

「日本じゃ、何やっても死なないや」と思って、活動を始めることにしたのです。

このドイツ遭難未遂事件は、僕が帰国して、すぐに活動を始めるきっかけとなりました。そしてこの時感じた思いは、今でも僕の活動の原点ともなっています。

『コロコロコミック』の2ページで人生が変わった！

そもそも、僕がボードゲームにのめり込むようになったきっかけは、中学1年生の時に祖父に初めて買ってもらった『コロコロコミック』でした。

今にして思えば、それが人生が変わった転機でした。中学生のときは、毎月決まったおこづかいをもらえる家ではなかったため、月刊の『コロコロコミック』は買うことができません。ですから、買ってもらったことが嬉しくて、その『コロコロコミック』を1ページ1ページ、丁寧に読んでいったところ、ひときわ興味を引いたページがありました。たった2ページの特集でしたが、そこに見たこともないボードゲームの紹介が載っていたのです。

それは、現在でも東京の水道橋にある『メビウスゲームズ』というボードゲームショップが、当時流行っていた海外のボードゲームを紹介するという内容でした。この特集に出会う前の僕は人生ゲームは大好きでしたが、それ以外はあまり知りませんでした。

そしていくつか紹介されている中で、僕は『カルカソンヌ』というボードゲームに目を奪われました。『カルカソンヌ』はボードゲームの本場、ドイツで2000年に発売され、数々の賞を取っているものです。とても緻密で綺麗なイラストを使用したゲームで、僕が今まで見てきた日本のゲームとは、まったく違っていました。

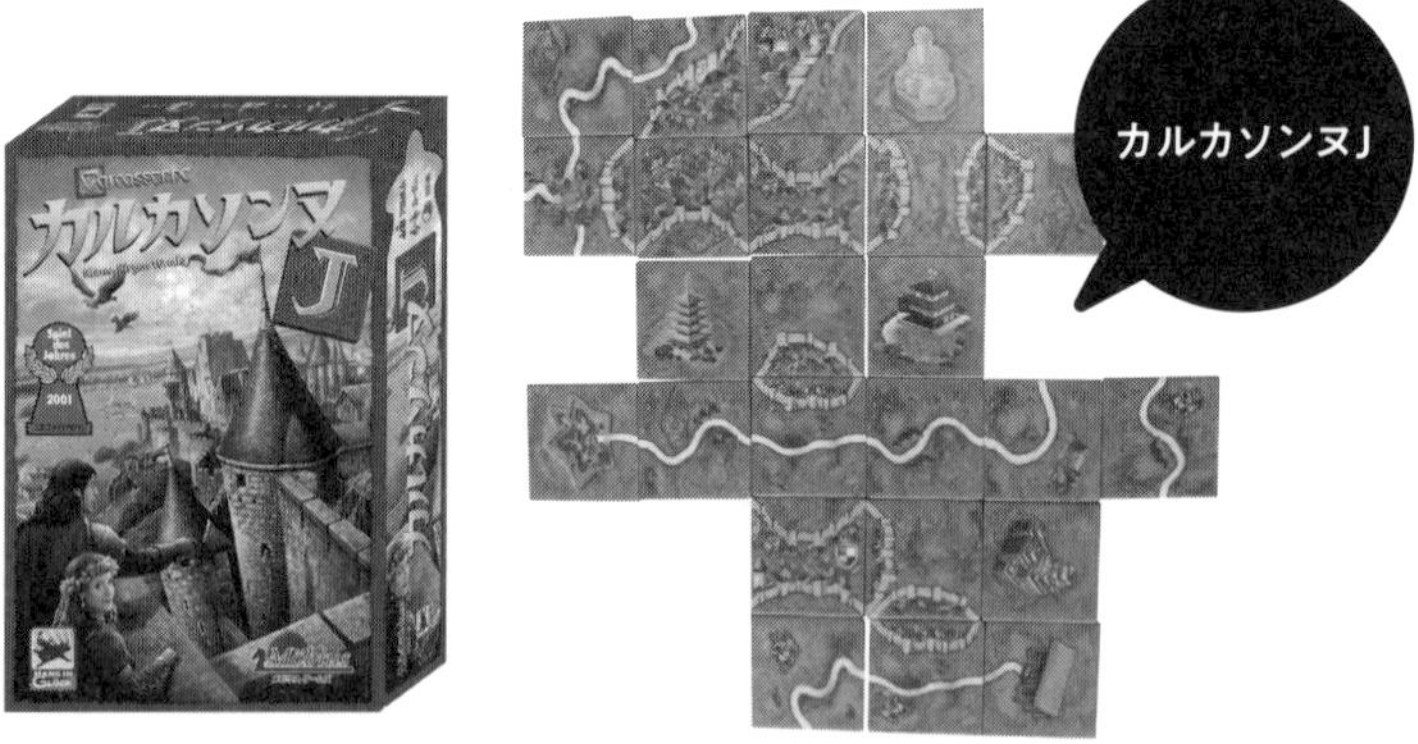

カルカソンヌJ●販売元:メビウスゲームズ●価格3,800円(税込)●プレイ人数2〜5人●プレイ時間目安35分●対象年齢8歳以上　◎城塞都市「カルカソンヌ」をつなげていくタイル配置ゲーム。2001年にはドイツ年間ゲーム大賞を受賞。将棋のように2人で真剣勝負をするゲームとしても有名で、毎年ドイツで世界大会も行われている。2014年と2018年は日本人が世界チャンピオンになった。

ゲームの内容は、プレイヤーがそれぞれ道をつなげ、陣地を広げ、古代ローマ時代の城塞都市＝カルカソンヌを築いていくものです。

普通、ボードゲームは、決まった形のボードがあるものですが、このゲームは進めるにつれて、陣地が広がる、つまりボードが大きくなっていくためどんどん景色が変わっていくのです。自らの手で美しい都市を作っていくという感覚が非常に新しく感じられて、まさに衝撃でした。

両親は、僕の目が悪くなることを心配してテレビゲームや携帯ゲームは制限していましたが、ボードゲームに関しては寛容でした。たぶん、テレビゲームよりは教育上良さそうと感じていたのだと思います。

僕はこのページのメビウスゲームズの通信販売を利用して『カルカソンヌ』を買ってもらうことができました。

ゲームが届いた瞬間から夢中になって、学校から帰って来たらすぐに、そして休みの日は何度も繰り返しやっていました。それからというもの、僕はどんどんボードゲームにのめり込んでいくことに。

ボードゲームにハマったことで、それが僕の「強み」となって、さらにそれが仕事になるなんて、そのときはまったく想像もしていませんでした。

僕が好きな格言

思わず人が話したくなるような、そんなことをする人になりなさい。

ウォルト・ディズニー

エンターテイメントの偉人といえばこの人、ウォルト・ディズニー。僕が一番好きな人物で、ボードゲームで活動するようになってから、意識するようになったこの格言が気に入っています。

第2章

経験はすべてネタになる

超安定思考を捨てて、未来を変えろ！

僕は、中学時代に読んだ『コロコロコミック』がきっかけで、ボードゲームにハマり、中学、高校を通して、ずっと夢中になってきました。

でもそれは、逆に言うとボードゲーム好きという以外にたいした特徴は持っていない普通の人間ということもできます。両親ともに教師のためか、小さいころから何をしても「出来て当たり前」という感じで、めったに褒められることはありませんでした。そのせいなのか、僕は「失敗をしてはいけない」と、何をするにも安全な選択をしていました。大学は絶対に受かるA判定のところしか受けないし、就職も公務員志望という超安定思考だったのです。

そんな僕が、第1章に書いたように大学時代にドイツに行ったことがきっかけで意識が変わりました。日本では失敗したって死ぬことはないだろう、だったら、いろんなことに挑戦してやる！　そんな気持ちになったのでした。

ボードゲームが好きなことを隠していたくらいだったのに「いろんな人に会いに行

ってボードゲームをもっともっと広めよう」と決めて、狂ったように行動を始めることになるので、やはり「好き」という情熱に勝るものはありません。

普通に生きていたら、わざわざ自分から新しい人に会いに行くという行動はしていなかったでしょう。そのようなきっかけで自分から動いていくことで、未来が変わっていく楽しさを知ることができたのも、もとをたどれば全部、ボードゲームと出会ったおかげです。

安定思考のままでは、ある程度予想できる未来しかやってこない。でも行動することで、自分が変わり、自分では想像のつかない未来をつかむことができるようになる、僕はそう思っています。

本との出会いに「遅すぎる」ということはない

大学3年で初の海外旅行であるドイツから帰ってきて、僕は何かをやらなきゃ、という思いに突き動かされていました。

そして、その時期偶然入った書店で、平積みにしてあった本が目に飛び込んできました。

本のタイトルは、『人生で大切なことは、すべて「書店」で買える。』（日本実業出版社刊）という、千田琢哉さんの本でした。

その本のサブタイトルが「20代で身につけたい本の読み方80」とあったので、当時、20代になったばかりで、何をすればいいのかわからないけれど何かをしたいと思っていた僕には、とても突き刺さる言葉でした。

そして書店で本を手にとって、プロローグを読んでみると、著者の千田さんは、大学生時代の4年間で1万冊以上の本を1000万円以上使って、購入して読んでいたという驚愕のエピソードが載っていました。

こう書かれていると、千田さんは、小さい頃からとても読書が好きなんだろうなと思うかもしれませんが、なんと、大学生になるまで漫画以外の本を読んだことがなかったというのです。実は僕も漫画やゲームの攻略本しか読まない人間でした。

これが、当時の僕にぴったりとはまったように感じて、「そんなに本ってすごいものなのか？」と気になり、その時生まれて初めてビジネス書を購入したのです。

この本の内容はいわゆる自己啓発の分野で、とても読みやすいものでした。そして本は無限の可能性を秘めているということを教えてくれました。

僕はこの本を読んだ次の日に、大きな書店に赴いて、ニーチェやらゲーテやら、今まで読んだことのないジャンルの本を11冊、1万円以上かけて購入しました。そんなにも大量の本を買ったのは初めてのことでした。

本は、自分の世界を広げてくれるということに気がついた僕は、これ以降、読書の面白さにハマっていきました。

そして興味のあるものを片っ端から読むようになりました。

たくさんの本を読んで、今まで知らなかった世界を知り、いろいろなイベントへ頻繁に参加するようになったのです。

『人生で大切なことは、すべて「書店」で買える。』
千田琢哉著(日本実業出版社)定価1200円+税

3万円を払って人と会えるか？

僕は読んだ本の著者が、この本がいいと言えば、そのおすすめの本を買って読みました。するとまた新しい世界を知ることができ、その感覚が新鮮で面白くなり、いろんなところに顔を出して行動も広がっていきました。

そんなことを続けていたある日、参加したセミナーで「この人はすごい！　この人に教えを乞いたい！」と思う人に出会ったのです。

その人は、20代で多くの会社を経営していたＭＡＲＫさん。なんともいえない不思議な魅力がある方でした。

なぜ、この人はすごい！　と思ったのかと言えば、ビジネスという経験も全くない学生だった自分でもイメージできることを話していたからです。ＭＡＲＫさんは学生の頃からビジネスを始めた方で、生まれや育ちに関係なく、誰もが成功者になれる世界を目指していました。

極端なスキルや才能など関係なしで、学生の頃からどうやって稼いできたのかを話されていて、その話と熱量の高さに、もしかして自分にも何かできるのではないかと思ったのです。

セミナーが終わった後、僕は

「あなたのようになりたいので、教えてくれませんか？」

とお話しして、メールアドレスをもらいました。

そして僕はどうしても二人でお会いしたいと、メールで熱い思いを伝えました。

これからの人生、僕はどう生きればいいのか迷っていました。ＭＡＲＫさんのように生きてみたい、目標にしたい、そう思えたのは初めてだったのです。

ＭＡＲＫさんの所には、そんな若者がたくさん来るようで、

『３万円。それが出せるなら２人で会ってもいいよ』

と返事がきました。

「え……」と、僕は一瞬とまどいました。

が、すぐに覚悟を決めてお会いしたいと返信しました。

今、思えば、ＭＡＲＫさんは、**僕の本気の度合いをみていたのだ**と思います。

3万円という金額は、学生の僕にしては大金でしたが、払えない金額ではありません。忙しい経営者の時給を考えたら、安すぎるくらいです。僕はこうして2人で会うことになったのでした。

僕が知らなかった「強み」それはボードゲーム

MARKさんに時間をとってもらい、僕のこれまでの人生を話しました。これからどう生きていこうか悩んでいることをすべて話したところ、こんな提案をされました。

「ボードゲームは松永くんの強みだよ。それで何かやってみたら？」

「え？　ボードゲーム……ですか？」

ドイツでの体験から、日本でもボードゲームの認知を高めて、もっとこの楽しさを伝えたい、とは思っていましたし、普通の人よりはある程度詳しいと思っていたボードゲーム。

それが自分の「強み」と言えるものだとは、考えもしませんでした。そして、ボードゲームの活動していくに当たって、３つのアドバイスをもらったのです。

①肩書きをつくる
②名刺をつくる
③ブログをつくる

この３つを行うということでした。

「名前に『直』が入っているから、ほんとに素直だよね」と、周囲からよく言われていたほど、素直だった僕は、教えてもらったことをすぐに実行しました。

肩書きを「ボードゲームソムリエ」に決め、そして自分で名刺をつくり、ブログやツイッターも開始して、言われたとおりに、２~３日に1記事の投稿を始めました。

すると、３ヶ月後にはボードゲームのマニアの間で「ソムリエと名乗って活動している人がいる」と噂が広がり始めたのです。

さらに教えてもらったこの3つは「人から依頼されること」に必要な要素でした。

もちろん、今であればブログではなく、インスタグラムやユーチューブなどの情報発信に置き換えてもいいかもしれません。


また正直なところ「学生の自分にとっては大金である3万円も払ったんだから」という理由も、行動し続けるエネルギーの1つだったと思います。

このMARKさんから教えてもらえたことが、ただ単に本で読んだだけだったり、もしくは無料で人に聞いただけだったなら、そこまでやらなかったかもしれません。

結果から言ってこの3万円はとてつもなく安かったと思います。

そして「自分の強み」というのは、なかなか自身ではわからないもので、**自分が思っていることと他人から見えているものは違う**ということも、この経験で学びました。

ボードゲームを武器に5000人に会いに行く

こうして僕はさらに行動を加速し始めました。

僕は、ボードゲームを広めようと、当時、流行っていたSNSサービスを使ったり、イベントに参加してみたりして、その時にいた参加者と知り合いになって、後日、ボードゲームを紹介する……というように、少しずつボードゲームを提供する場を増やしていきました。

ボードゲームは基本的に1人では遊ぶことはできません。相手がいるからこそ盛り上がる面白さがたくさんつまっています。ですから、オフラインで人と会うイベントと相性が良かったのかもしれません。

イベントでボードゲームを提供していく中で、僕はもっといろんな人にボードゲームを楽しんでもらえば、つながりもできるし、多様な世界を知ることができると思い、所構わず片っ端から足を運ぶことにしました。

例えば、自分が学生なので、同世代の学生と会った方が自分にとってためになるのではと考えました。今はM&Aのプラットフォーム事業を行っている（株）M&Aクラウド代表の及川厚博さんという1歳年上の経営者の方がいます。彼は学生の頃、自宅を「おいカフェ」という名で、貸出していました。僕は及川さんと仲良くなり、そこで10回以上、ボードゲームイベントを開かせてもらいました。

及川さんが、尖った面白い人をたくさん呼んでくれたおかげで、さまざまな学生と出会うことができ、自分と同じくらいの年齢の人たちでも、起業したり、世の中に影響を与えることができるんだ、と価値観が変わっていきました。

イベント中でも、参加した10人くらいが全員学生CEOだったときは、その人たちの会話から、考え方までとてもインパクトが強く記憶に残っています。今でも活躍している彼らから、刺激をもらい続けています。

ほかにも出会った人から「ボードゲームはドイツが有名ならドイツ大使館に連絡してみたら？」とアドバイスをもらったので、素直に大使館に直接連絡をしたところ、ドイツと日本をつなぐ活動を行っている団体「日独協会」を紹介していただけました。日独協会は、さまざまなイベントで日独交流を行っている団体なのですが、すでにドイツのボードゲームを使ったイベントを開催していました。

しかし、初回に用意してあったボードゲームは、主催者のドイツ人の方が地元から持ってきたものであったため、日本語のルールブックが入っておらず、日本人の参加者はドイツ語が読めずに遊ぶことができなかったそうです。

そこに僕がボードゲームで何かやりたいと言ってきたので、先方は喜んで第2回から一緒にボードゲームのイベントをやることになりました。このイベントで、僕はボードゲームをまったく知らない人にゲームを提供する楽しさを実感することができました。

ボードゲームを広めるために シェアハウス、コワーキングスペースに突撃!

また、イベントで知り合った友人から、「起業家だけが住んでいる面白いシェアハウスが六本木にある」と聞いて、連絡して訪問。そのときにシェアハウスの管理人の野村岳史さんと、初対面でボードゲームをして盛り上がり、そのまま僕もそのシェアハウスに住むことになりました。

起業家だけが住むシェアハウスというだけあって、起業のイベントがあるから一緒に行こうと誘ってもらったり、住人が知り合いを連れてきて交流パーティをしたりと、今までの実家暮らしでは到底できないような非日常の経験ができ、自分の枠がとても広がっていく感じがしました。しかも六本木在住です。

今や有名な、ベンチャーキャピタルのサムライインキュベートの榊原健太郎さんがひょっこりやって来て話をしたり、自分でもそこでボードゲームのイベントを開催したりと、いろいろチャレンジしてみる経験も多くできました。


僕は実際に住んでみて、いかにシェアハウスが面白い場所かがわかり、他のシェアハウスにもボードゲームをやりに行こうと考えました。東京にあるシェアハウス100件以上にSNSやメールを使って、片っ端から連絡をして、興味を持ってくれたところにボードゲームをやりに行ったのです。

そのうち、「僕がボードゲームを持参して、交流エンターテイメントを企画します。その代わりに泊まらせてください」と提案し、多くのシェアハウスに泊まり歩くようになりました。

大きめのトランクに自分の最低限の着替えと、入るだけのボードゲームを詰めてガラガラと引きながら、今日はここ、翌日はあそこ、と旅行者のようでした。この方が、一緒にご飯を食べたりできるので、さらに深い交流ができるようになりました。


シェアハウスをいろいろ回って、次に目をつけたのが、コワーキングスペースでした。コワーキングスペースは、これから何か新しいことをやりたいと思っている人が多いと感じたので、シェアハウスと同じ要領でやはり100件以上に片っ端からコンタクトをとって、ボードゲームをやりにいきました。

この頃にお会いした、銀座の一等地にあった広いコワーキングスペース『ｔｈｅＳＮＡＣＫ』では、店長の五十嵐慎一郎さんと意気投合して、よくボードゲームのイベントをさせてもらいました。銀座なのに、秘密基地のような部屋のつくりでワクワクする場所で、個人的なイベントでもよく使わせてもらったりしました。その場所を利用している人たちは、起業している人やフリーのクリエイターも多く、面白いことをやっていたので、この場所でも知り合いがだいぶ増えました。

こういった活動が、のちのクラウドファンディングで支援してもらうつながりのひとつになるとは、その頃は思ってもみませんでした。

やってみないとわからない。経験は何一つムダにならない

もちろん、いいことだけでなく、後から考えると予想と違ったり、悔しかったりしたことも多くあります。

当時、「○○協会」というものが流行っていたので『国際ボードゲーム協会』という協会を立ち上げてみました。

立ち上げるといっても、実質、○○協会というのは、ただ名乗るだけであれば、お金はかかりません。当時、海外のボードゲームを扱った協会はなかったので、とりあえず、名乗って活動してみたのです。

しかし、実際に活動してみて気づいたのですが、「協会」というのは、もともと認知されているものに、協会というギャップのある格式ある名前がつく方が印象に残ります。つまり「唐揚げ協会」や「アイスクリーム協会」など、身近なものに「協会」という格式高い名前がつくと、「なんだこれは？」と気になるのです。

僕が活動していたときは、ボードゲームという言葉が今ほど浸透していなかったのもあって、あまり反応もなく、結局、半年くらいでそれを名乗るのはやめて、せっかくつくったホームページも消してしまいました。

また「電車の中で数独をやる高齢者が多いから、ボードゲームは高齢者と相性が良いのではないか？」と考え、地元である埼玉の老人ホームに電話をして、やらせてもらうことにしました。

しかし、実際やってみたら、そのときのイベントでは、喜んではもらえたのですが、今までにない新しいボードゲームのルールを高齢者に覚えてもらうことはなかなか難しいことが判明しました。

自分の想像していたイメージとはちょっと違っていたので、老人ホームでのボードゲーム活動はやめることにしました。結果、体験しないと「合う」か「合わない」のかもわからないものだ、と思いました。

僕はそれまでボードゲーム開催はすべて、その会場に行っていました。つまり、集客と会場があるところに、コンテンツであるボードゲームを無料で持ち込んでいました。

そこで、自分でイベントを開催し、集客して場所を確保してボードゲームをやってみよう、と挑戦してみました。初めてやった結果は、1人500円の会費で5人参加、場所代が1時間1000円で3時間やったので3000円。収支はマイナス500円の赤字。イベントって難しいなと感じたデビューでした。

僕の「存在価値」とは何か

今でも覚えているのが、ある知り合いとボードゲームをして盛り上がっていたのですが、終わったあとに「今度、ボードゲームだけ貸してよ」と言われたこと。「おまえなんかいらないから。ゲームだけあればいいから」と言われたような気がして、これが非常にショックでした。

今思えば、普通に「このゲームは面白いから、今度貸してよ!」みたいな、小学生が、自分が持っているゲームソフトを交換するみたいなニュアンスだったのかもしれません。でも当時の僕は、頭に電流が走ったようなショックを受けたのです。確かにボードゲームは説明する人がいなくても、ルールブックがあるし、遊べる。だから**僕の存在価値そのものが否定されてしまった……と感じて心底悔しかった**のです。

この事件以来、僕は「こいつがいるから、ボードゲームって面白いな」と思ってもらえるようにずっと意識し続けてきました。

いかに場を盛り上げられるか、いかにボードゲームを知らない人に、導入しやすく、興味をもってもらうか。

そして、ルール説明に滞りがなく、理解してもらえて、ゲーム中も飽きずに集中してもらい、終わった後に「この体験ができてよかった」と思ってもらえるか。このように、**ゲームの進行や流れ、組み立てをいろいろ考えるようになったのも、あの嫌な経験があったから**だと思います。ムダな経験は何一つないのです。

それもあって、今では、ボードゲームソムリエがいるから、やっぱり違うねというようなことを言われるときは、とてもうれしくなります。

失敗経験は成長するネタにする

こんな風に、大学3年から狂ったように行動し、自分から声をかけ、人と会い続けてボードゲームのイベントを開催していた僕を、読者のみなさんは生まれついての人好きで、コミュニケーションスキルが高い人間なのだろうと想像しているかもしれません。

でも、「それは違う」と、声を大にして言いたいです。僕は、中学校から高校までの間は、ボードゲームにのめり込みすぎて、**自分の好きな趣味以外では、あまり人と話すことができないタイプ**でした。

それでいて、失敗するとか、嫌われるということを非常に気にしていたので、好きなボードゲームに友人を誘うことすら「変なヤツと思われたらどうしよう」という心配が先に来て、声をかけることができませんでした。実際に、高校の部活仲間で一緒にボードゲームを遊べるようになったのは、2年間様子をみてやっと3年生になってからだったくらい。普段はボードゲームが好きということを隠して生きていました。

そんな人一倍、人見知りだった僕は、努力してそれを克服したつもりです。

きっかけは、大学1年の時の女性とのやりとりでした。本当に、最後の最後までこのネタを公開するか悩みましたが、これがコミュニケーションスキルを磨くきっかけになったので、恥を忍んでお話しします。


僕には小学生のころに好きだった女の子がいたのですが、失敗するのが怖かった自分は、当時は、結局、告白も何もせず、そのまま大学生になっていました。しかし、大学1年のときに、その女の子と再会したのです。

僕はボードゲームという趣味に没頭しすぎて、自分の好きな趣味以外で話すことができなくなっていたと言いましたが、特に**女の子に対しては、基本的に共通で話せる会話はまったくなく、それどころか目を合わせることもできないような奴でした。**

そもそも、小さいころから「失敗したらいけない」という価値観が刷り込まれていたせいで、自分からコミュニケーションを取って、盛り上がらなかったら……という気持ちが強く、会話もろくにできませんでした。

しかし、その彼女とは小さい頃にはよく遊んでいたので、彼女に対してはそこまで人見知りすることもなく、なんとか勢いで一緒に出かける約束を取り付けました。けれど目の前に突然降ってきた「デート」という非日常イベントに、僕は何をすればいいかまったくわからず、全然対応ができませんでした。相手のことを考えてこなかったこれまでの自分の行動が裏目に出るばかりで、結局、失敗に終わってしまいました。今まで、自分の好きなボードゲームしかやってこなったツケがここにきて、やってきたわけです。

人見知り、引っ込み思案を克服する方法

当時、このときのショックがとても大きくて、僕は女性との〝コミュ障〟を克服することに決めました。

まず、大学の友達と原宿に出かけて、大学生に人気のあるポール・スミスの時計を思い切って買いました。その時計は4万円くらいして、バイトを始めたばかりの僕にとっては高額でしたが、物心ついて以来、人生で初めてファッションにお金を使った経験だったので、明確に覚えています。

このとき、「僕はここから変わる！」と時計に誓ったものです。

そして、次に、恋愛や女性に関する本を買って読んで研究に没頭しました。といっても、20～30冊しか読んでいませんが、そこで女性の特性の基本をなんとなく理解したように思います。

例えば、男性は自分の悩みを解決したいから話すけれど、女性は自分の悩みを解決してもらいたいのではなくて、「ただ聞いてもらいたい」のでむやみに口出しせずに聞き役に徹すること。また男性は中身をディスられるとショックが大きいけれど、女性は外見を言われた方がショックなので、見た目を批判してはいけない等々……。

モテている人には基本中の基本みたいなものかもしれませんが、そういった本を読んで、コミュニケーションの基本を片っ端から吸収していきました。

そしてアルバイトも自分と同じくらいの年齢の女性が多く働いている職場を選びま

した。これは、とにかく女の子を目の前にしても、固まらないようにする訓練だと思ってやっていました。このとき、僕は、結婚式場、カラオケ店、パチンコ店の3つをかけもち。アルバイトではありますが、仕事であれば、どうしたって、女の子を目の前にして会話せざるを得ません。会話に慣れるための場数を踏むには手っ取り早いと考えたのです。

「やり切る」ことで苦手意識を変える

さらに女性を目の前にしても、固まらなくなってきた次の段階で、女性との自然な会話に慣れるために、一対一で会話する訓練をすることにしました。ここでも失敗を恐れる僕の性格が出てきているとは思うのですが、身近な大学サークルや同級生など、知り合いだと恥ずかしいし、うまくいかなかったとき、後から顔をあわせるのが気まずいからリスクが高すぎる。そう考えた僕は自分や周囲がまったく知らない人と練習することにしました。

その方法の1つとして、ナンパや合コンがありますが、自分にはハードルが高すぎたので、今でいうマッチングアプリのようなものを使って、女性にSNSでメッセージを送ってみるという方法を試してみました。

これなら仮に返信が来なくて失敗したとしても、相手とは直接会ってもいないし、誰なのかすらわからないので、失敗を気にすることなくチャレンジできる、そう思ったからです。

初めてメッセージのやり取りをする相手のプロフィールを見て、どうしたら返信してもらえるのか。訓練だと思って、大学では休み時間のほとんどを使って大勢の人にメッセージをずっと送りまくっていました。そんなことを毎日繰り返していると、100通送った場合にだいたい半分くらいは返信が返ってくるようになりました。その後、会話のキャッチボールが続くのはさらにその半分、日をまたいでやりとりが続くのはさらにその半分、そして、実際に会えるのは100人中1人いるかいないか…そんな確率でしたが、実際に会って話をするまでいくと、ある程度、自信もつくようになっていき、徐々に女性とのコミュニケーションに慣れていきました。

実際に会ってみるのと、メールでのやりとりをするのとではかなり違います。

当然、見た目も気にしなければいけませんし、いかに相手に好感を持ってもらうかなども考えなければいけません。

そのために、モテる友人にオシャレな服やら香水やらについて聞いて買ってみたり、ファッション雑誌を買って髪型やら服のセンスやらを勉強したり、カラオケで何を歌えば盛り上がるかを調べて、それを練習したりと、リアルな場でのトレーニングもやりました。

実際に会ったのは同世代の大学生ばかりでしたが、1回だけ会って、その後音沙汰なしの人もいましたし、自分ルールで3回デートしたら告白するというルールを決めていたので、それで付き合ったりもしましたが、今度は付き合った後のことを勉強していなかったので、すぐに別れてしまって、次は恋愛について勉強を始める必要がありました。

この頃はまさにコミュニケーションのトレーニングを積み、やる切ることで苦手を克服した、そんな感じでした。

≫圧倒的な数をこなし「マジックメーラー」が誕生

トータルで何千通ものメールを送り、圧倒的な数をこなしたことで、だんだんとメールの反応もあがっていきました。

その結果、大学の友人から、女の子からメールが来たのだけど、どう返信すればいいか？　という相談が来るようになりました。当時、ロンドンハーツのマジックメールという企画が流行っていたので、「マジックメーラー」というあだ名で呼ばれていたりもしました。

素直に喜んでいいものか複雑ではありますが、昔の自分を振り返れば、かなり克服できたのかなとは思います。どうしたら返信が返ってくるか、どうしたら好感を持ってもらえるか、そういったことをひたすら分析しながらやっていた結果です。

このおかげで、初対面の人にメールを送るのは怖くなくなりました。また、その後のいろんな人に会いに行くのも怖くなくなったのは、このトレーニングのおかげだと思います。

僕が好きな格言

あなたの今のレベルは重要ではない。本当に重要なのは、これから到達するレベルなのだ。

ブライアン・トレーシー

営業の神様と呼ばれる「ブライアン・トレーシー」の格言。何かをやりたい！　と情熱はあるけど、まだ何にもなれていない…。そんなもどかしい若い頃の自分に未来への勇気をくれた言葉です。

第3章

本気の「覚悟」が人生を変える

人生のレールを外れてみる

僕はボードゲームが強みであると気づかせてもらいましたが、ゲームを紹介したり、貸したりするときに、お金を請求することができませんでした。漫画を貸し借りするようなイメージで、そこでお金のやりとりが発生するとは誰も思っていなかったからです。

それに、当時まだ大学生だったため、人と違う活動をしていることに満足してしまっていたところもあります。

そして、ここで昔からの超安定思考が顔を出します。ドイツから帰国後、大学4年でいろいろな活動をしたものの、結局は、ボードゲームでお金を稼いで、生きることはできないと結論を出し、大学3年のときに内定をもらった会社に就職することにしたのです。最初は公務員を目指していたのですが、大学は理系だったので、就職したのは給料が高いと言われるＩＴ会社でした。

そこでは、6ヶ月の研修期間が設けられていて、その内容は、パソコンに向かって
ひたすら与えられる課題をこなすことでした。
周りの人と話すことも、ネットで調べることも禁止されていて、ただ課題をもくも
くとこなしていく日々でした。
毎日、毎日、そんなことを繰り返していると「個性はいらない」と、真っ向から突
きつけられているような気がしました。
「個性を消してロボットになんかなりたくない」
「これは僕がやりたい仕事じゃない」
「自分のやりたい未来につながらないことをなぜやっているのだろう」
そんな思いが、毎日のように頭を駆け巡っていました。
そして、そんなタイミングで、学生時代に知り合った方からベンチャー企業を立ち
上げるから一緒にやらないかと誘われたのです。その彼の考え方など、非常に共感す
るところもあり、結局、入社してたった2ヶ月目で辞表を出していました。
えいや、と大きな崖から飛び降りるような気分でした。入社を喜んでいた両親には、
事前に言えば必ず反対されるとわかっていたので、何も相談しませんでした。

今どき1日たった100円で暮らすということ

僕はベンチャーでできることを必死にやりました。経営者とその仲間数人で、ゼロから会社を立ち上げたため、膨大な業務に追われて、本当に働き詰めの毎日でした。なんとか軌道にのせようと力を尽くしたのですが、ボードゲーム以外に特にこれといった才能のない僕は、人並以下の働きしかできていないのが正直なところでした。

そして、さまざまなビジネスに挑戦するも、どれもうまくいかずことごとく失敗。稼がないと当然給料も出ないので、その会社とは別に経営者にインタビューをして記事にする仕事をやったりもしていましたが、朝4時まで働いても給料に結びつかない……といった過酷な状態が続き、僕はどんどんすり減っていきました。

実は、転職した直後、僕には貯金がまったくなく、お金は、最初にいた会社2ヶ月分の給料しか手元にありませんでした。

ベンチャーの会社では、住む部屋だけは無料で提供されたので、野ざらしになることはありませんでしたが、給料が出ず、結果的にほぼタダ働き。当然、お金はすぐに減り、1日100円で過ごすハメになりました。

　飲み物はすべて、近くのスーパーの無料でもらえる水。食べ物はハナマサという激安スーパーで当日賞味期限が切れるパン（一斤8枚入り）を50円で購入し、冷凍して、毎日ちょっとずつ食べる。さすがに何もつけないのはしんどかったので、マヨネーズとはちみつを買って、それだけを塗って食べました。

　お金がないので、経営者インタビューに行くときも、基本徒歩か、知り合いから貸してもらった自転車です。1回の電車賃を浮かせるために1時間以上歩くのも日常でしたし、所持金が残り1000円を切ったこともありました。

　インタビュー場所がカフェのときは、もちろん、そのコーヒーを買うお金もありません。そこで、その場所に早めに行き、返却口でコーヒーが残っているカップを探して、それを自分の席に持ってきて、さも自分が買ったような素振りで座っていたり……、今思っても、本当にギリギリの生活をしていたと思います。

2ヶ月目で会社を辞めた新卒の末路

結局、このベンチャーの会社は3ヶ月で終わりました。その後、住むところもなくなり、お金も続かなくなったので、僕は実家に帰りました。親に何もいわず、勝手に会社をやめていたので、こわごわ戻ったのですが、両親は何も言いませんでした。自分が思っていた以上に温かく受け入れてもらえたことに、ほっと安堵して、こうなったら心を入れ替えて、第二新卒枠で就職しよう、と思ったのです。

しかし、そううまくは行きませんでした。自分は本当に甘かったのです。

たった2ヶ月で会社を辞めた23歳を雇おうとする会社はありませんでした。何社も受けたのですが、面接に行って何を話してもしょせん「2ヶ月で辞めた根性がない若者」です。2ヶ月で辞めるくらいなら、最初から就職していない方が、まだ採用される可能性が高いと思います。

仕事でインタビューした経営者が、「全く何もできない新卒に丁寧な研修をして、給料をくれる国は日本以外にないよ。」と言っていましたが、その通り。僕はその貴重な機会を手放してしまったのです。

決まったレールから外れて気付く社会の現実や厳しさは、辞めてみて初めてわかりました。研修を受けているだけで、毎月給料はもらえたし、大きな会社だったので、つぶれることもないし、社会的地位もありました。

自分がどれだけ恵まれた環境にいたか、辞めてから初めて実感したのです。

そして、「会社を辞めたのは間違いだった」と深い後悔に襲われました。「僕は人生の選択を失敗した……」そう思いました。

あれほど失敗を恐れていたのに、結局僕は失敗してしまった。もう、再就職もできない……僕の人生は終わりだ。大きな絶望を抱えました。

僕は追い詰められて、何もやる気が起きず、ただただ家に引きこもることになります。あれほど行動していたのに、家から出られなくなってしまったのです。

「もうダメだ」と思ったときに読んだ本に救われる

そんな僕のまた動き出すきっかけをつくってくれたもの、それは本でした。

ベタすぎると言われるかもしれませんが、デール・カーネギーの『道は開ける』という名著が僕を救ってくれました。これは人が悩みに直面した時の解決方法が具体的に書いてあるのです。原著が刊行されてから70年近くもずっと売れている本だけのことはあります。家に引きこもっていた期間にその本を読んでいたら、僕の悩み事などちっぽけに思えてきたのです。

例えば「どんなに優秀な頭脳の持主であっても、人間は一度に〈一つのこと〉しか思考できない」(『道は開ける』より引用)つまり、忙しい状態に身を置くことで、不安を拭い去ることができるなど、今の悩みに対しての解決法がとても具体的に書いてあります。

その中でも、印象深かったのが、この本の一番最後にある、世界中の人たちのどん底の悩みから抜け出した31の実話集でした。

それこそ、石油王で大金持ちのロックフェラーのような偉人から、一般の人たちまで、様々な絶望レベルの悩みがあって、そこからどう克服したかという短編ストーリーです。

『道は開ける　新装版』デール・カーネギー著
（創元社刊）定価1600円＋税　※文庫版もあり

例えば『私は底まで落ちて生き残った』という話では「人間にとっては、ときどき半死半生の目に遭ってみるのも薬だと思われる。（中略）そうすれば日常の問題なんか、取るに足りないことに思えるようになる」とあったり、また『孤児院へ入れられないようにと神に祈った』という話では「毎朝目が覚めると、ベッドから起きて朝の食卓につき、自分の手で食事ができることを神に感謝した」というように、生きることが精いっぱいの人たちの実話がたくさん載っているのです。

僕は本にある不幸の話や、解決方法を読んでいたら、だんだんと自分の置かれた状況が、たいしたことがないと感じられました。**レールを外れるって、別に大きな失敗じゃない。もしかしたら、チャンスなのかもしれない。**そう感じられたのです。

ボードゲームで生きていく覚悟を決める

僕は『道は開ける』を読んでから元気を取り戻しました。外に出る勇気が出たのです。時給の高い引っ越しのアルバイトをやったり、誰か有名な人とのつながりができるんじゃないかと、東京の高級飲食店で働いてみたりしました。

飲食店はまかないつきで、交通費がもらえたので、お金がない自分が東京で人と会うときには、とても重宝しました。また働いている間は何も考えずにすみ、気持ちも晴れてきて、好きだったボードゲームのイベントも再開しました。

そして、「はじめに」にも書きましたが、そのころ**「どうして世界一を目指さない**

の？」という経営者の前田一成さんの問いかけにより、僕の覚悟が決まったのです。

僕は覚悟を決めてから、できるだけ「世界一」になるためにはどうしたらいいか、それを聞くために、経営者の方たちに積極的に会いに行くようにしました。

しかし、経営者の人と会っても、いい話を聞けた、で終わってしまうことも多く、ボードゲームにつなげることはなかなかできませんでした。

そこで、当時、経営者の方たちは誕生日にパーティーをやることが多かったので、フェイスブックなどで、誕生日がわかったときには「誕生日をお祝いしたいので、無料でボードゲームをやりに行かせてください！」と連絡を入れて、パーティー会場でボードゲームイベントを開催させてもらったりしました。またお花見やクリスマスなどのイベントをやると聞いたら、「片付けや準備を手伝って、さらにボードゲームで盛り上げにいくので、家に泊まらせてください」と図々しく突撃してみたりと、また学生時代のようにどんどん行動するようになりました。

ボードゲームで生きていこう、と覚悟を決めた途端、さらに積極的に圧倒的な行動が苦もなく出来るようになったのです。

そんな行動を続けた中で印象に残っているのは、太田英基さん。海外留学のクチコミサイトを運営する株式会社スクールウィズ代表です。彼の書いた『僕らはまだ、世界を1ミリも知らない』（いろは出版刊）という本を読んで、その行動に共感し、本のプロフィールにフェイスブックのURLが書いてあったので、そこから連絡したところ、なんと飲み会に呼んでもらえたのです。

その飲み会は、はあちゅうさんやら、メルカリ現会長の山田進太郎さんやら豪華な人たちが勢揃いで、そこで会った方から、またイベントに呼んでもらって、さらに人脈が広がっていきました。

紹介もなく、人に会ってもらう方法

この頃、僕はネット上にある経営者や起業家のインタビューサイトで見つけた人でコンタクトを取れる人に、片っ端から連絡して会いに行っていました。**「圧倒的な行**

➊ 僕が実際に送った文書の一例

ガイ・カワサキさんの書籍を参考に6つのポイント（次ページ）を意識して作成しています。

××株式会社　代表取締役 ○○様

突然のメッセージ失礼致します。
××の記事を拝見し、○○様の△△に感銘し、ご連絡させていただきました。❶

私は、世界各国のボードゲームをエンターテインメントとして提供し、活動している松永直樹と申します。❷

私は中学生の頃から10年以上、世界各国のボードゲームを海外から集め続け、学生の頃から数百以上のボードゲームを持っていた強みを活かし、ボードゲームを楽しんでもらうエンターテイナーとして活動し、2年でホームパーティーから企業まで、3000人を超える方にボードゲームを提供してきました。❸

そこで、◇◇を世の中に価値として提供し続ける○○様にぜひお話をお伺いしたいと思い、ご連絡させていただきました。❹

私はエンターテイメントをもっと多くの人に知っていただきたいと感じ、人生をかけてボードゲームのエンターテイメントを世に提供していきたいと考えております。❺

大変お忙しい中、恐縮ですが、ぜひ一度、お話を聞かせていただけないでしょうか。❻

長文失礼致しました。

ボードゲームソムリエ　松永直樹

動力」、僕ができるのはそれくらいだったからです。

こちらからは提供するものが何もないのに、なぜ人は会ってくれるのか？　僕はそれも本から学びました。

その本とはガイ・カワサキ著『人を魅了する』（海と月社刊）。この中に、相手がいかに自分のメールを読んでくれるようになるか、そのコツが具体例と共に書いてあります。少しご紹介すると、『メッセージには次の情報だけが含まれていればいい。❶なぜ連絡したのか、❷あなたは何者か、❸あなたの素材は何か、❹何をしてほしいのか、❺なぜあなたを支援しなければならないのか、❻つぎのステップは何か』（『人を魅了する』より引用）

僕はこの本を参考に前ページのようなメールを実際に送って、アポイントを取り付けました。これは一例ですがこのようなことをを参考に、相手をよく知り、そして自分が何者で、何を知りたいのかという文章を簡潔に書く。こうすることで、相手からの返信確率も高くなるのです。

これも、学生時代にマジックメーラーとして（笑）、何千通もメールを送った経験があるからだ、と今になって思います。人生、ムダなことはひとつもないのだということです。

枠にとらわれるな！「宝探し」も仕事になる

数多くお会いした起業家の中の1人で、宝探しというエンターテインメントで事業を立ち上げた「タカラッシュ」という会社があります。

その会社は、クライアントが希望する場所で、イベントを企画します。参加者は宝の地図をもらい、謎や暗号を解き明かし、リアルな場所で実際に隠された宝物を探し出す……という体験型のゲームです。それを数多くの企業とコラボしてやっているのですから、ネットで初めてこの会社を知ったときには、こんなことが仕事になるんだ、と感動しました。

その感動の熱量で、僕はこの会社の社長である齊藤多可志さんに話を聞きたいという思いをSNSのメッセージを通して伝えると、返信があり、実際にお会いしてお話を伺うことができたのです。

タカラッシュのオフィスを訪れたときは、ここは遊園地？　と思ってしまったほど、ワクワクするような空間が広がっていました。

そして、齊藤多可志さんの話を聞くと、最初の頃は、1ヶ月まったくお客さんが来なかったり、思うような集客ができずに知り合いや身内にお願いして、宝探しイベントに参加してもらったりなど、事業を始めた頃からの苦労話をお聞きすることができました。誰にでも大変な時期があって、それでも続けていくことでたどり着ける場所があるのか……と感じました。

タカラッシュは、「宝探し」を通して地域の活性化や、企業のPR、社員研修まで、幅広く事業を行っています。**僕は「宝探し」が仕事になるなら、「ボードゲーム」でもやり方によってはビジネスにしていけるかもしれない**、という可能性を教えてもらうことができました。

その後、この突撃がご縁で齊藤多可志さんのホームパーティーにも呼んでいただきました。

この時は、港区にある29階のガラス張りで海が見える豪華な部屋で、ボードゲームをして大盛り上がり。しかも、このパーティーで、僕の転機となった『7つの習慣®』の会社の方と出会ったのです。

本気の覚悟がチャンスを引き寄せる！

何度かお伝えしている通り、僕の大きな転換点となったのは『7つの習慣Ⓡ』ボードゲームの制作です。

『7つの習慣』とは、44カ国語に翻訳され、累計部数は3000万部、日本でも220万部を超える世界的な名著です。本の内容は、経営コンサルタントであるスティーブン・R・コヴィー氏が「成功者に共通する7つの習慣」を発見し、それをまとめたもの。

この著作の、日本で『7つの習慣Ⓡ』の研修の権利を持っているフランクリン・コヴィー・ジャパン株式会社という会社の根本泰成さんが、ボードゲーム化を考えているということでした。

翻訳書は550ページ以上もあり、読みこなすのはなかなかハードルが高いので、もっと大勢の人に内容を知ってほしいというのがきっかけだろうと、容易に想像はつきました。

その頃の僕は**世界一になるためには、それは世界的に有名な何かとコラボをするのが早い**、と考えていました。そのため、これはチャンスだ！　と悟ったのです。

ただ実のところ、覚悟を決める前の僕だったら断っていたと思います。ボードゲーム制作など未経験だったし、実現にはあまりに多くの問題が山積していることが分かったからです。

しかし、その話をいただいた時、僕の中に断るという選択肢は1ミリも浮かびませんでした。「どんなに無理でもやり遂げてみせる」「世界トップクラスと組むチャンスだ」そんな情熱しかありませんでした。

自分の覚悟がチャンスを引き寄せたのです。

そして、よくよく聞いてみると、『7つの習慣®』のボードゲーム化は予想以上に険しく、多くの難題が降りかかってきました。

その中でも大きくいえば3つ。1つは僕自身、ゲーム制作をしたことがないということ。2つめは、会社の契約上、個人契約ではなく法人契約、つまり会社とでないと契約できないということ。そして3つめは制作資金がないということでした。

1つめの問題は、僕個人の問題なので、なんとしてでもやると覚悟を決めていましたが、残りの2つはどうすればいいか、その時点ではわかりませんでした。

挑戦するにはリスクが大きすぎる

僕は、その当時、アルバイトと掛け持ちで、文章力を磨くためにコピーライターとして、渋谷にある8人が所属する小さなマーケティング会社「いないいないばぁ」に所属していました。

会社としか契約ができないと言ったら、もうそこに頼るしかありません。その会社のメンバーは自分が学生の頃から、「ボードゲームが大好きでそれで生きていきたい！」という思いを知っていてくれたので、とても前向きに話を聞いてくれました。

しかし、結論として柴田剛成社長からは、「うちはＩＴの会社だから、ボードゲームは作らない」と断られてしまいました。

「いないいないばぁ」が得意とするデジタル産業は、アナログ産業のボードゲームとは真反対。当然といえば、当然です。

ボードゲームの制作費はウェブページ制作とは比較にならないほどかかりますし、

それに加えて在庫の保管費用、配送費など、ネット事業ではかからなかった固定費もあります。

しかも、ただでさえ日本はボードゲームがさほど広まっていない国です。今までにないボードゲームを作ったところで必ず売れるという保証はどこにもありません。また僕はボードゲームには詳しいですが、制作は未経験。さらに実際に製造したり販路を確保するにあたっては、メーカーに勤めた経験もなかったため、それらの知識も皆無でした。会社にとっては、未知のリスクが大きすぎて、事業的に断るのはむしろ正しい判断といえます。

絶対にあきらめない。熱意だけで押し通す！

その判断を頭ではわかっていても、どうしても僕はあきらめられませんでした。
このプロジェクトがだめと言われても、僕は10歳以上離れている社長に対して、

「これをやるために僕は生きてきたんです！」
「これはすごいチャンスなんです。なぜやらないんですか！？」
「これができたら、世界が変わるんです！」
と、会社のリスクを無視して、引き下がろうとしませんでした。

そして、まったく折れない僕に、ついに社長は「だったら、おまえ、そのゲームを作ってこい」と言ったのです。あまりのしつこさに業を煮やして、なんとか矛先を違うところに向けようと思ったのかもしれません。

前述しましたが、僕はそのときまでボードゲームを作ったことはありませんでした。10代の時に、当時プレイしていたビデオゲームのカードゲーム版をつくろうとしたのですが、そのあまりの不完全な出来に、二度とボードゲームはつくらないと内心決めていたほどです。ボードゲームソムリエと名乗っていたのも、「そもそもソムリエはワインを紹介する人であって、ワインをつくる人ではない」という意味合いもこめて選んでいたくらいなのです。

しかし、僕にはどうしてもやりたい、という熱意だけはありました。

できるかどうか、その時点では全く見えませんでしたが「やります。絶対に作ります」と、宣言して、そこから家に帰り、すぐに制作に取り組みました。

結果、僕は社長に「つくってこい」と言われてから、4日で『7つの習慣®』のボードゲームの根幹を作りました。人によって、この日数は変わると思いますが、ボードゲーム制作はクリエイティブな作業で、長いと何年もかける人もいます。

このときは1週間以内に元となるものをつくらなければならないという事情があったとはいえ、今、思えば、初めてなのによくやったなと思います。

その4日でできたものは、紙にポスト

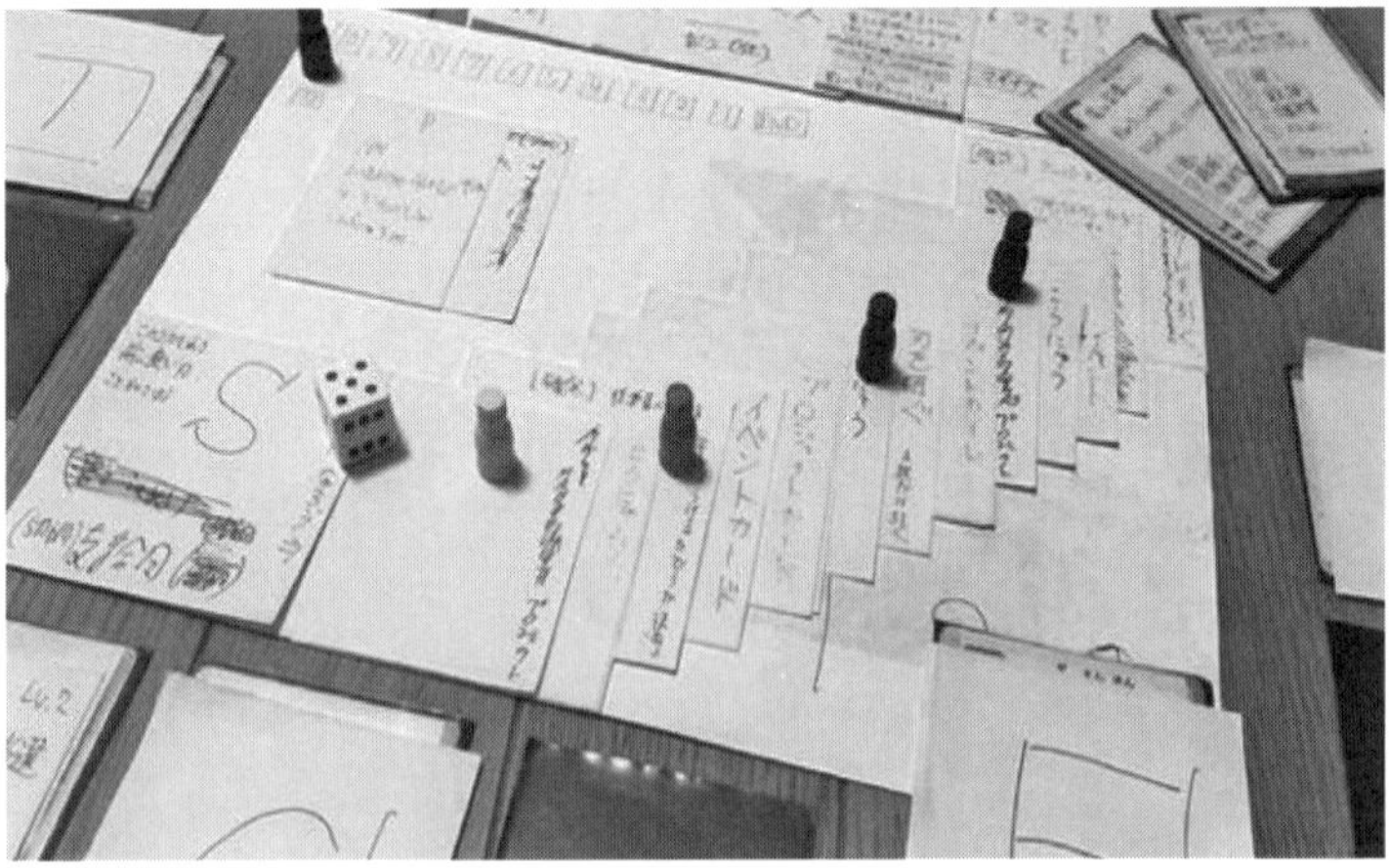

紙と付箋でつくった、一番最初の試作品。文字も全部手書き。

イットを貼り付けて書いただけの簡単なものでしたが、会社のメンバーにテストプレイをしてもらったところ、彼らは「これはいけるんじゃない?」「面白いよ、コレ」と評価してくれ、結果的についに社長からＧＯサインをもらうことができました。

この瞬間、僕は、ボードゲームを仕事にするという第一歩を踏み出したのでした。

クラウドファンディングに初挑戦する

そして、社運を賭けてボードゲーム制作をすると社長が覚悟を決めた後、次の難題は制作資金をどうするかでした。

そこでマーケティングを担当していた創業メンバーの1人が「Ｍａｋｕａｋｅ《マクアケ》」というクラウドファンディングを使うのはどうかと紹介してくれました。

「クラウドファンディング」とは、資金調達のひとつで、お金がなくてできない「やりたいこと」を叶えるためのサービス。誰でも申請する権利はあり、自分のやりたいことに共感してくれたり、応援してくれたりする人たちが、お金を支援します。

そして、このメンバーが、Ｍａｋｕａｋｅの社長である中山亮太郎社長にフェイスブックで直接コンタクトをとり、『7つの習慣®』のボードゲームプロジェクトをクラウドファンディングで考えているのですが、と相談しました。すると、「この案件はいける」と感じてくださったようで、Ｍａｋｕａｋｅで超優秀なキュレーター（担当）を紹介してくれました。


クラウドファンディングにはいろいろなパターンがあり、単に寄付を募ったり、目標金額が達成できたらリターンをするなどがあります。

『7つの習慣®』のボードゲームの場合は、支援してくれたリターン（お返し）として、完成品を送付するという購入に近い形でのクラウドファンディングにしました。


今は、ぼちぼち認知度があがってきたクラウドファンディングですが、２０１５年は、それほど知名度は高くありませんでした。

僕は、ボードゲームの制作をしながら、今までお会いした何千人もの方にとにかくメッセージを送り続けました。

「クラウドファンディングをやりますのでぜひ見てください、もし興味があれば支援、もしくはシェアをお願いします」といった内容です。

当時、フェイスブックは1日に100通以上送ると、アカウント停止の警告がきたりしたので、凍結されないように毎日時間を空けて連絡をしていました。

もちろん「いないいないばぁ」のメンバーや、フランクリン・コヴィー・ジャパン社の人たち、そして実際にテストプレイで遊んでくださった人も、知り合いにこのプロジェクトを広く告知してくれました。

また「いないいないばぁ」はマーケティング会社でしたから、どうやったらこのことを雑誌やネットで記事にしてもらえるか、PRになるか、というところも会社のメンバーが協力してくれて、購入につながる動線をつくったりしました。

国内のクラウドファンディングの紹介ページで一番重要なのはトップ写真です。見た瞬間に「このゲーム面白そう」「商品が欲しい」と思わせるため、見た目をかなり重視して制作し、撮影しました（次ページ写真）。ボードやカードなど、今見ると、実際の商品とはだいぶ違ったものになっています。

僕らは**クラウドファンディングというのは初速が大事**だと、「Ｍａｋｕａｋｅ」の持つデータで知りました。

たいていの場合、初日3日間の3倍が最終金額となるそうです。そのため、できるだけ早目にできるだけ大きい金額を集めるのが大事。

スタート期間に大きな金額を集めるには、始まる前から多くの人に詳細を知ってもらうこと、そしていかに「面白そう」「このボードゲームが欲しい」と思ってもらえるかにかかっています。

それを知って、僕たちは、開始に向けていろんな人に連絡をし続けていました。

手書きだったテストプレイ用のゲームを、それらしい雰囲気のデザインにした

クラウドファンディング開始90分で目標金額100万円を達成!!

クラウドファンディングが始まるまで残り1週間、僕は、さらに猛烈に今までお世話になった方に片っ端から連絡しました。毎日毎日連絡して、もうメッセージを打つ手が痛くなるくらいメールを書きまくりました。やれることはすべてやり、迎えた当日。会社のメンバーと、フランクリン・コヴィー・ジャパン社の根本さんが渋谷のコワーキングスペースに集まり、ついにクラウドファンディング初日を迎えました。目標設定額は100万円。「『7つの習慣®』の世界をボードゲームに！ 本ではできない体験を多くの人に届けたい」というクラウドファンディングです。そして、開始時間である10時。

僕は一世一代の大勝負にとても緊張していました。

それもそのはずです。当時、日本ではそれほどクラウドファンディングは流行っておらず、そもそもボードゲームを初めてつくる僕のゲームを購入してくれる人が本当にいるのだろうかと、正直不安がいっぱいだったのです。

しかもこれは、会社の全メンバーを巻き込んだプロジェクト。もし失敗したら会社の損害額は笑い話ではすみません。もともと自分がやりたいと言い出した話です。これで、失敗したら全責任が自分にあるといってもおかしくありませんでした。

100回以上のテストプレイ、できる限りの大勢へのメッセージなど、やれることをすべてやりきったとはいえ、前代未聞のプロジェクトです。「応援するよ」といってくれていても、全員が支援してくれるかどうかはわかりません。

僕は、このプロジェクトが始まるまで、ボードゲームを全く知らない人に向けて情報を発信したり、ボードゲームをやってみたりしたのですが、ほぼお金をもらうことができませんでした。みんなボードゲームに対してお金なんて払う気なんてないのかも……そう思わされることも多く、不安しかありませんでした。

そして、最初は意気込んでいたものの、だんだん開始が近づくにつれてシンプルに「これが欲しいか、欲しくないか」を世に問うということが、僕には怖くなってきました。

そのプレッシャーもあってか、クラウドファンディング当日の開始時刻に、僕は別のミーティングの予定を入れました。その場にいることができないほどのプレッシャーを感じていたのです。

やったことがある人ならご存知かもしれませんが、Ｍａｋｕａｋｅのクラウドファンディングは、プロジェクト担当者がボタンを押してスタートします。

僕は同じフロアにはいましたが、ミーティングをしていたため、みんながボタンを押してスタートする、ワクワクドキドキしているところにはおらず、テーブルから少し離れた場所で話をしていました。

そして、スタートして90分後。

会社のメンバーから「目標の１００万を達成したよ！」と言われました。僕はそのとき、「やったー！」と喜んだのではなく、「あぁ、そうなんですか」と、

開始90分で、70名の人から支援してもらい、100万円を突破

傍から見れば、そっけない返事をしてしまいました。

もう喜ぶ気力もないほどの重荷を背負っていて、やっとその荷を下ろせた……そんな心境だったのです。

クラウドファンディング成功の秘訣は「盛り上がっている感」をつくる

結果は開始90分で目標金額を達成、結果的になんと初日だけで300万円超を集めることができました。それはつまり、最終金額で1000万円も見えてきた、ということでした。

ボードゲームは国内のプロジェクトでは、100万円を達成するだけでもすごいと言われています。1日が終わって、やっと「よかった。本当によかった」と喜ぶことができました。

なぜこれほどの勢いで成功することができたのか。クラウドファンディングに興味がある人は知りたいかもしれません。

経験者としてお伝えすると、まず1つに**目標金額を低めに設定した**からだと思います。人は盛り上がっていないところには入っていこうとするには、なかなか勇気がいります。目標額1000万円のところに200万円の支援が集まっているよりも、目標額100万円のところに200万円の支援が集まっている方が、心理的ハードルが下がり、支援しやすくなります。盛り上がっているから自分も参加してみようと思えるのです。

ぼくたちは目標期間の途中も、情報を出し続け、お祭り感を演出しました。

あとはやはり、**一人でも多くの人に知ってもらうために、開始前から地道な連絡や発信をし続ける**、それが大事です。どんな場合でもまずは知ってもらうこと、そして熱い思いを届けること。始める前に、

すぐに400人も突破。僕（中央）も顔出しでお礼の画像をつくる

支援者をつかんでおくこと。

それはすべて、最初から盛り上がるイベントにするためです。つまり、クラウドファンディングは、開始する前にほとんど成否が決まっているともいえるのです。

ちなみに、リターンはボードゲームがお得な価格で購入できる1万3000円〜1万7000円（税別）のものや、企業向けで、僕が出張して一緒にゲームを体験できる権利（10万円）などを始め、途中からは追加リターンとして、ゲーム開発者によるプレミアムイベント＋7つの習慣ゲームのセット（2万円）など、多くの種類を並べました。こうすることで、後からこのクラウドファンディングを知った人も参加しやすいように心がけました。

「盛りあがっている感」を出すために、こまめに画像を作成した

早く行きたいなら1人で行け。遠くへ行きたいならみんなで行け

その後、クラウドファンディング期間には、そのゲームのプロトタイプを伊勢丹の新宿本店で1カ月近く展示していただいたり、影響力のある方たちにテストプレイをしてもらいました。

『7つの習慣®』原著のファンであった経済評論家の勝間和代さんは、フランクリン・コヴィー・ジャパン社の方からご紹介いただきました。発売前のテストプレイで、ゲームを気に入ってくださり、Ｍａｋｕａｋｅへの支援や、メルマガで紹介していただいたりしました。さらに、勝間さんのオンラインサロンのコミュニティである『勝間塾』でも有志の方たちにプレイしてもらい、たくさんの応援をいただき、支援金が大きく伸びました。

またきっかけをいただいたＭａｋｕａｋｅの中山亮太郎社長にもプレイしていただき、社長に「これは地球上のビジネスマン全員にやってもらいたいゲームだ」と素敵なコメントをいただけたり、ほかにもネットの『アスキー×デジタル』のプレイ体験

の紹介記事はバズって、トータルで３００万円近く支援金額が増えました。

　そして最終的には６６１人から１２５４万円を支援してもらうことで幕を閉じました。これが当時、ＭａｋｕａｋｅＭの支援金額ランキングのトップ10に入り、その年のブロンズ賞（３位）もいただくことができたのでした。

　結果的には大成功でしたが、これは正直、やってみるまでまったくわかりませんでした。そして昔から、失敗を極度に恐れていた僕にとって、大勢を巻き込んでの新しい取り組みをしたことは、本当に大きな決断だったと思います。

　おそらく１人だったらこれは絶対にできなかったでしょう。

　これも、一緒にプロジェクトを支えてくれた、たくさんの人の助けがあったからこそ、ここまででき

1000万円達成した場合に限定の第8のカードをつけるなどの工夫もした

たのだと思います。

インディアンのことわざで「早く行きたいなら1人で行け。遠くへ行きたいならみんなで行け。」というものがあります。この経験から学んだのは、まさにこの言葉通りのこと。仲間の大切さを実感したのでした。

そして、このボードゲームが広がっていくと、実際にプレイした方たちから、「子どもでもできる『7つの習慣®』のゲームが欲しい」、「小さいうちから、大事な習慣を知ってほしい」などといった声を聞くようになりました。

そして2年後。僕らは、またもやクラウドファンディングで1000人に支援してもらい、制作費1000万円超を調達しロールプレイングゲームの要素を取り入れた、子どもも大人も一緒に遊べる『7つの秘宝』を作成することができたのでした。

『7つの秘宝』ボードゲームは、RPG要素を盛り込み、キャラクターもかわいらしく仕上げた

ボードゲームはどのように制作するのか？

さて、ここでボードゲームの制作について、ざっと流れをご説明したいと思います。これはあくまでも僕のやり方です。

まず、そのゲームを作る目的のヒアリングから始めます。『7つの習慣®』ボードゲームであれば、ビジネス書を読まない層にも届ける新しいチャネルとしてつくりたい。『キングダム』であれば、プロモーション商品として展開したいなど、おおまかな目的の部分と実際にゲームを手にするであろう人はどんな人なのか、誰とどういう遊び方をイメージするかを聞きます。

ビジネス戦略を考える人が遊ぶのであれば、当然、戦略のあるボードゲームにする必要があります。ボードゲームは自分で考える戦略要素と、自分では操作できない運のバランスをどうするかがポイントです。

これは人によってそれぞれ好みが変わるため、ここのヒアリングは非常に重要になります。

ボードゲームをつくる4分類

僕はボードゲームをつくる人には大きく分けて4パターンあると考えています。

それは、ゲームシステムからつくる「システム派」と世界観からゲームをつくる「テーマ派」。そして、実際につくる際に、世の中にあるゲームシステムを組み合わせてつくる「複合型」とまったく新しいゲームをつくる「創造型」です。

僕は「テーマ派」かつ「複合型」です。

ボードゲームを作る4分類マトリクス

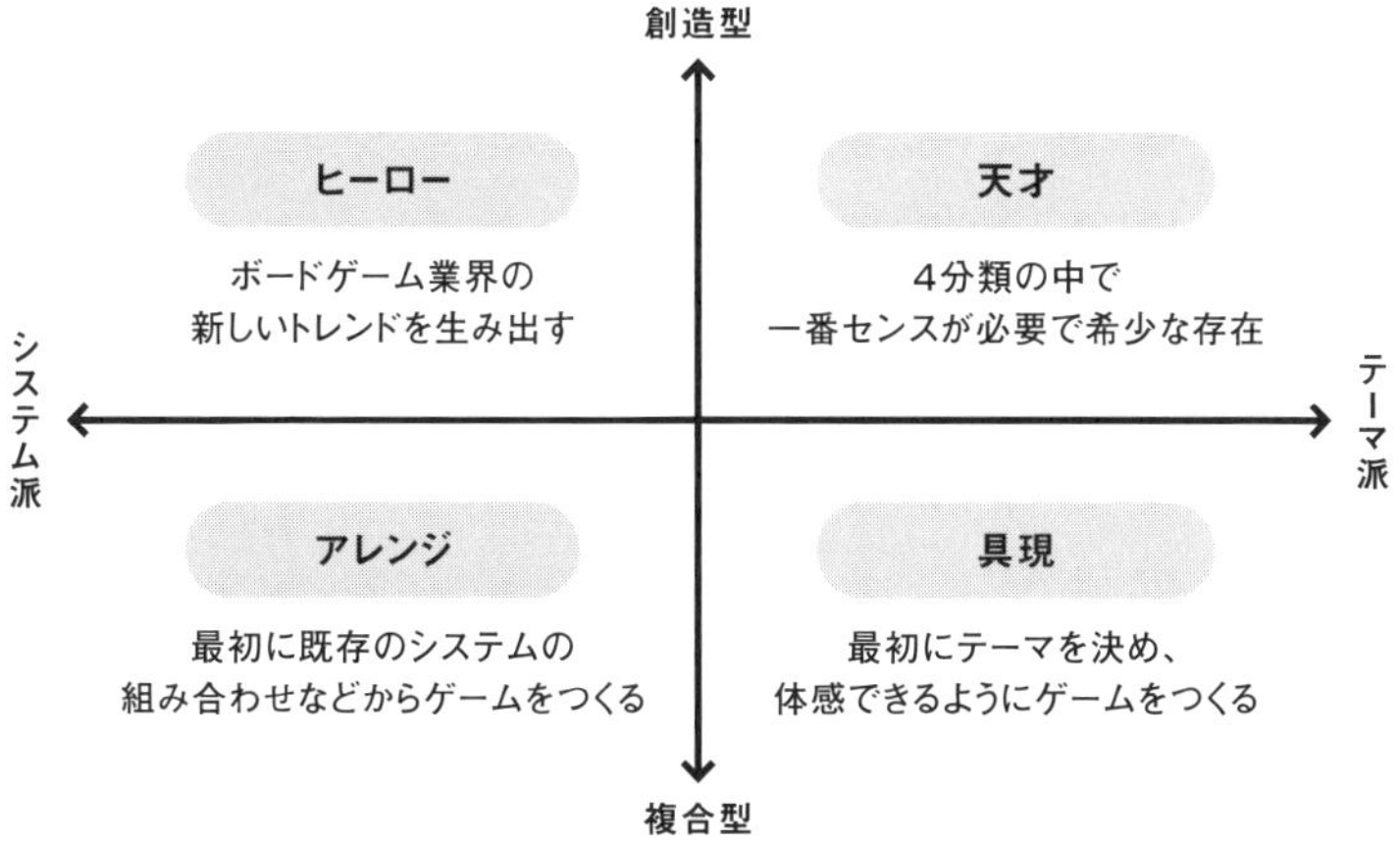

ボードゲームは世の中に10万個以上ありますが、実はボードゲームのシステムはだいたい50種類ぐらいしかなく、世の中の大半のボードゲームが、そのシステムの組み合わせと世界観（テーマ）で、できています。これは映画や音楽にも似たようなことがいえると思います。

僕は中学生の頃から、何千個と遊んだボードゲームの体験が頭に入っているので、そこから最適なゲームシステムを、コンテンツに合わせてオーダーメイドで制作しています。コンテンツによっては、今までにないゲームシステムを組み込んでいるものもあるので、広い意味ではすべての姿勢を取り入れたハイブリッド型といえるかもしれません。

ボードゲームは実際に遊ばなければ、その面白さがわからないツールでもあります。普通の人であれば、たとえ同じ「すごろく」だったとしても、世界観が違えば同じゲームだと気付かないかもしれません。

このゲームシステムと世界観の組み合わせは日々、新しいものが出てきます。そのため、僕は今でも常に新しいボードゲームをやり続けています。多いときは月に100個以上遊んだことのないゲームを仕入れることもあって、日々、自分のアップデー

○○◒○○

トを続けています。

ちなみに創造型は、これまでのボードゲームにはなかった新しいゲームをつくるタイプ。初作品で革命的なゲームをつくる人もいれば、過去のゲームを知り尽くして、そこから新しいものをつくる天才型の人もいます。

ボードゲームのマニアの世界では、どちらかといえば創造型のボードゲームに注目が集まりやすいものです。昔、活動を始める前にマニアのひとりだった僕は、この傾向もあって、ボードゲームをつくるのに向いていないと勝手に思い込んでいました。

しかし、今はそうは思いません。ボードゲームをまったく知らない人からすれば、創造型のゲームは「斬新すぎてよくわからない」こともあります。ですから、逆に大勢の人に楽しんでもらえるようにと、これまでの人気のあるゲームを分析してつくる方法も受け入れられやすいかなと思っています。

そして、「システム派」か「テーマ派」の違いでいえば、僕は紛れもなく「テーマ派」。ボードゲームの世界では、最初にシステムから入って、その後にテーマを上乗せする人も多いのですが、僕は「こんな新しいシステムのゲームをつくりたい！」というものがないため、逆にテーマがないと何をつくればいいのか困ってしまうくらいです。

ヒアリングが終わったら、次にゲームの根幹をつくります。わかりやすくいえば、どうすればゴールできるのか？　ゲームにボードを使うのか？　それとも使わず、カードゲームにするのか？　ボードを使うなら、どんな盤面にするのか？　どんなカードが出てくるのか？　などなど、ひたすらいろんな質問を自分の中で繰り返して、頭の中でテストプレイします。

この根幹づくりがゲームにおいて非常に重要で、ここが微妙だと、全体的に影響してしまうので、一番大切にしていきたい部分になります。

自分の頭の中で、これならイケると感じたら、実際に形にします。ボードゲームのいいところは、デジタルゲームと違って、紙やペンなどで簡単に自作して動かすことができる点です。

例えば、1枚の紙にポストイットを使って、マス目をつくれば、すごろくの完成です。必要なカードがあれば、トランプにポストイットを貼り付けて、内容を書けば、カードの完成です。あとは実際にやってみるだけです。

バランス調整とテストプレイで完成へ

そして、次に待ち構えるのが、バランス調整です。ゲームシステムの根幹も大事ですが、このバランス調整も重要です。ゲームは、これをやれば絶対勝てるとか、ずっと同じ展開がひたすら続いたりすると、非常につまらなくなります。

いかにプレイヤーが、ゴールできるのかできないのか、勝てるのか負けるのか、次はどんな展開になるのかなど、ワクワクドキドキするようなストーリーや選択肢を用意する必要があります。

こればかりは、実際にやってみるしかありません。そして、素直にいろんな人の意見を聞いて、反映させたり、大事なところはそのままにしておいたり、強すぎるカードはなくしたりと、少しずつルールを変えて何度もやります。ときには1人で何役にもなり、ひたすらやっていることもあります。

『7つの習慣®』ボードゲームは2時間近くかかるゲームですが、少なくとも100回はテストプレイしたと思います。必ずやらなければいけないことではないのですが、やればやるほど完成度の高いものに仕上がっていきます。このゲームの場合は、クラウドファンディングで完成品の配送日が決まっていたので、工場に依頼する直前まで調整をしていました。

そして、バランス調整が整ってきたら、次はイラストを入れます。

このイラストもどれだけ凝るかはその人次第です。僕は世界観を大事にしているので、イラストは重要視しています。欧米のボードゲームは、遊ぶ人を楽しませるためにお金をかけてイラストの種類を増やしたりしています。僕はそんなところが大好きなので、自分がつくったゲームも多くのイラストを使用しています。

そしてイラストができたら、入稿データをつくらなければなりません。デジタルと違い、一度印刷してしまうとやり直しはできません。なので、うんざりするほど、見直しをします。

そして最後に待ち構えるのが、僕の一番キライなルールブック構成です。

ボードゲームは、デジタルゲームのように、チュートリアル的なものは基本的にありません。ですからルールブックがしっかりしていないと、ルールが理解できずに遊べなくなってしまいます。

○○●○○

これが非常に大変で、自分はつくった側だから、当然、内容を熟知しているのですが、これを誰もがわかるように文章化するのは想像以上に骨が折れます。

これら、イラストやルールブックの確認を、『7つの習慣®』や『キングダム』というビッグネームでやらせていただいている立場上、ミスを出すわけにはいきません。もうずっと、読み返す時期が続いたりします。

ここを乗り越えて、ようやく入稿して、やっと一息つくことができるのです。

ボードゲームの制作フロー

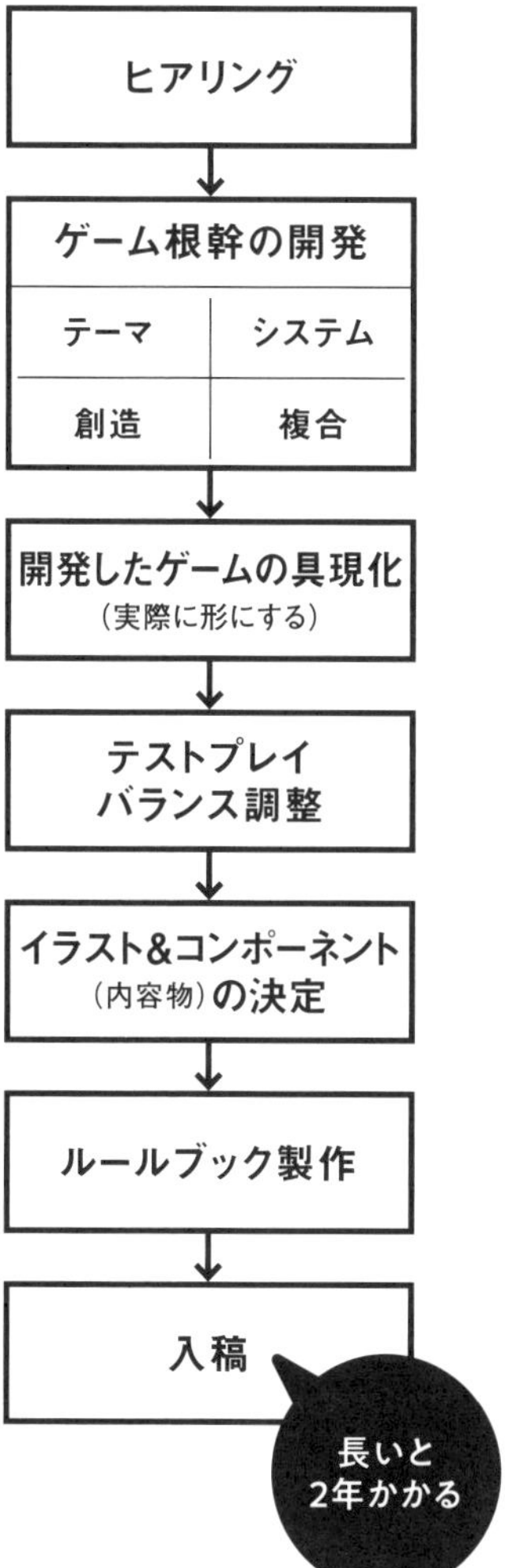

勝間和代さんとのテストプレイ

『7つの習慣Ⓡ』ボードゲームのテストプレイは、いろいろな方にやっていただきましたが、原著が好きだと言われていた経済評論家の勝間和代さんにも協力してもらいました。

勝間さんのプレイはとても印象的でした。ゲーム中、300のお金をもらうか、サイコロを振って出た目の数×100のお金をもらうかの選択の場面。

普通、「ここはギャンブルでしょ!」とノリノリでサイコロを振る、もしくは「安定でいきます」と300をもらったり、みなさん感性で選びます。しかし、勝間さんは「サイコロの期待値は3・5だから」とサイコロを振る方を選択しました。

つまり期待値の3・5×100=350は、300よりは得という計算からサイコロを振っていて、そのプレイだけで、経済評論家という一面が見えた気がしました。

またゲームが終わった後も、ゲームのお金の流れについてお話をしていたり、持っている価値のリソースをどう配分するのが効果的なのかを説明していて、もう1ゲームのアンコールをいただきました。

これは素直に嬉しかったです。当時の僕の出しうる全てを注いだゲームでしたが、もう1回やりたいといってもらえるのは、ゲームデザイナーとしてこれほど嬉しいことはないからです。

『マツコの知らない世界』に出演

『7つの習慣®』ボードゲームを制作してから、僕の認知度は飛躍的に上がりました。そしてその年の秋、僕のブログ経由で、あの有名番組『マツコの知らない世界』のオファーがきたのです。ちょうどその年末は、人生ゲームの新作が出るというタイミングで、主にその人生ゲームを紹介するという内容でした。

何人かのボードゲームに詳しい人をピックアップしていたようですが、僕はそこで出演する切符を勝ち取ります。

そのために、僕は戦略を練りに練りました。『マツコの知らない世界』といえば、マニアという枠からみれば、日本一といっても過言ではない番組だと思っていたので、「ボードゲームといえば松永直樹」と覚えてもらう絶好のチャンスだと感じました。

僕は、事前の打ち合わせでテレビの担当者に、『人生ゲーム®』を日本に持ち込んだタカラの創業者であり、業界ではおもちゃの王様と呼ばれる佐藤安太さんに会いにいった話や、子供の頃、人生ゲームにはまりすぎて、1人で1日中人生ゲームのマスを読み漁る遊びをしていた話など、他の人にはないであろうエピソードを語り、さらにボードゲームのマニアとしての話をしました。

担当者の方は、それらを面白がってくれたようで、結果、出演が決まりました。

そこから僕は、出演する前に人生ゲームのすべてのバージョンを勉強し直し、それぞれの人生ゲームのマス目にどんなものがあるかをシラミ潰しに1つ1つ見ていきました。もちろん、これまでこの番組に出た人たちがどんなトークをしていたかもチェックしました。

さすがに全国の人に見られるというプレッシャーはこたえたようで、僕は3日前から食事が喉を通らなくなりました。最初は自分でそれに気づかず風邪かなと思っていたのですが、後に収録日が近づくに連れて、ひどくなっていったので、プレッシャーの影響だとわかったのです。

しかし、それも番組が始まる前までの話です。

収録が始まってしまえば、ボードゲームは僕のテリトリーです。マツコさんとは、とても楽しく収録をすることができました。

そして放送後、これに出たことで、地元の昔の知り合いから連絡が来たり、まったく知らない人と打ち合わせをしても、誰かしら僕の顔を知っていたり。テレビの影響のすごさを思い知りました。

こうして「世界一になる」という目標がちょっと近づいたと実感したのです。

僕が好きな格言

やったことはたとえ失敗しても、
20年後には笑い話にできる。
しかし、やらなかったことは、
20年後には後悔するだけだ。

マーク・トウェイン

アメリカの小説家「マーク・トウェイン」の格言。この決断をしていいのか、怖くなるときに勇気をもらえる言葉です。この言葉があったからこそ、僕は最初の会社を飛び出すことができました。

第4章

人と争わないで1番になる

人と争うことが苦手な僕が選んだ道

この章では、僕がどうやって「趣味だったボードゲームを仕事にする」という可能性に気づいて戦略を立てたのかをご紹介します。

「人と争うことが苦手」という自分の特性。そこに気がつくことができたから、僕は趣味を仕事にすることができたのかもしれません。そして、そもそもこの特性を僕に教えてくれたのが、ボードゲームでした。

さまざまな種類がある中で、僕がボードゲームソムリエとして紹介するのは、とにかく「一緒に遊んでいる人と盛り上がるもの」が多いです。もっと細かくいえば、勝つか負けるかという結果よりも、ゲームの途中のプロセスでどれだけ一緒に遊ぶ人と盛り上がれるかというゲームを選びます。

もちろん、誰かを負かしてトップを目指すゲームも仕事柄選びますが、正直、自分は誰かを負かしたいという欲求でやることはほとんどありません。

思えば、子どもの頃から勝ち負けに対するこだわりがあまりなかったような気がします。これは母親から聞いた話なのですが、小学校1年生のときに行われた長距離走で、大勢の中で僕はビリから2番目でのらりくらりと走っていたそうです。

その姿に母は「もっと早く走りなさい！」と声をかけたところ、「え？　前の人を抜いて走っていいの？」と言ったそうなのです。

母から喝を入れられた僕は、その後、すごいスピードで走り出し、最後は3位でゴール。自分では全然覚えていないのですが、本当に勝つという意欲が昔からあまりなかったのでしょう。

このとき以来、無駄に素直な僕は、親のいうことに従い、できる限り勝負には勝った方がいいらしいことを学びますが、正直、ずっともやもやが残っていました。

なぜ、他の人よりも勝たなければならないのだろう。

なぜ、人は競争するのだろう。

誰かが勝てば、誰かが負ける。そうしたら、誰かは喜び、誰かは悲しむ。

誰かが悲しむのは、それが自分でも他人でも嫌だ。

だったら、競争なんてしないほうがいいんじゃないか。

そもそもゲームは相手に勝ってなんぼのところがありますが、ボードゲームは、基本的に勝ったところで、何かがもらえるとか、社会的地位があがるとか、そういったことはほとんどありません。

僕は勝っても負けてもどっちでもよくて、プロセスが楽しければ良いと思うタイプだったので、そういう意味ではまさにボードゲームに適した性格でした。

深海よりも深いブラックオーシャンを狙え

「ブルーオーシャン」という言葉を聞いたことがあるでしょうか。『ブルーオーシャン戦略』という世界46ヵ国で翻訳され、発行部数が400万部を超えるベストセラーとなった本から生まれた言葉です。

この本では、すでに多くの人が参入して競争相手が多い市場を「レッドオーシャン」と呼び、まだ競争がない未開拓な市場をブルーオーシャンと呼びます。レッドオーシャンな市場ではライバルがひしめき合い、競争が激しいため成功することが難しい一方、競争相手の少ないブルーオーシャンを見つけることができたら、一人勝ちすることができる。そのため「ビジネスで成功したいのなら、ブルーオーシャンを見つけることが鍵となる」と言います。

こういった戦略論をふまえた上で、僕はレッドオーシャンはおろか、ブルーオーシャンでさえ目指そうと思わないことにしました。

ボードゲームが僕に教えてくれたのは、「人と争わない」ということを軸に物事を決断することです。始めたときはブルーオーシャンだったとしても、後から参入してくる人が多かったとしたら、そこはやがて戦場となるでしょう。だからレッドオーシャンでもブルーオーシャンでもなく、そもそも競争相手が誰もいない「ブラックオーシャン」を目指したのです。

この「ブラックオーシャン」は、たくさんの本を読んでいて見つけた言葉ですが、深海よりも深い海をイメージしています。

深海では、極度に高い水圧と低い水温に阻まれ、太陽の光さえ届かない暗黒の世界が広がっています。

深海魚はこの極限とも言える環境に適応するために、浅い海の魚たちには見られない特殊な構造や生活様式を持っています。深海という特殊な環境下で独自の進化を遂げた深海魚たちの世界には、後から入っていこうとしても、高い参入障壁が立ちはだかります。それよりももっと、誰もいない海。そこを狙うのです。

僕は今、「ボードゲームソムリエ」という肩書きを持って活動していますが、この肩書を決めるときには、他に名乗っている人がいないことを調べてから名乗ることにしました。「ボードゲームソムリエ」は、そのとき、僕以外にはこの世に誰もいなかった。そう、たったひとりだからこそ、勝負もないし、比較もされない。順位もなくずっと1位。このたった1つのオンリーワンの立場は、僕の戦略なのです。

自分だけの「強み」の見つけ方

では、オンリーワンになれるような自分の強みはどうやって見つけたらいいのでしょうか。

まず、「強み」とは何か。

他の人にはない特徴？　誰よりも長けているスキル？　どれも間違っていないでしょうし、さまざまな言い方ができると思います。しかし僕は、もし「強みって何？」と聞かれたらこう答えます。

お金をもらわなくてもやりたいこと。

これでも、好きで好きでどうしてもやってしまうことは、他の人よりも時間やお金を費やすことを厭わないし、行動も続けることができます。これがお金ありきの場合、すぐに辞めてしまったり、続かないことも多いです。だから、自分の「好き」という最強の原動力さえあれば、自然とその分野の知識やスキルが伸びていき、誰にもない強みとなっていく。僕はそう考えています。

「幼少期に何が好きだったのか」を探ってみる

強みを見つけるための方法は、いろんな方法があると思います。好きでどうしてもやってしまうようなことは何か。それを知るために良いのは、自分の幼少期を振り返ることです。あなたは、どんなことで遊んで、何をすることが好きな子供だったか。

小さい頃は、誰しもやりたいことだけをやっているので、もっとも純粋に好きなことや強みに気づくことができるのではないか、と僕は思います。

例えば、片付けコンサルタントのこんまりこと、近藤麻理恵さんや、タレントのさかなクンも、他の人にない強みを仕事にしている人たちです。

こんまりさんは、「片付け」という日常的な作業をビジネスとして成立させました。彼女は、幼稚園の頃から『ＥＳＳＥ』など主婦向けの雑誌を読んでいたそうです。幼ない頃から片付けをすることが好きで、大学2年生からは片付けのコンサルタント事業を開始。２０１０年に発売された著書『人生がときめく片づけの魔法』（サンマーク出版刊、改訂版は河出書房新社）は、日本で１００万部を超え、テレビドラマ化もされました。そして、世界30カ国以上で出版され、８５０万部以上の売上を記録するという、驚異的な数を叩き出しています。片付けが、世界で潜在的に需要のあるコンテンツだったということです。

タレントであり、魚類学者でもあるさかなクンも、幼少期から魚に興味を示して、誰よりも魚に関する知識を持っていた子供だったそうです。しかし、高校時代にテレビ出演はしたものの、専門学校へ進学。始めから望んだ職業を見つけられたわけでなく、寿司屋さんなどの壁に魚の絵を書く仕事など、魚関係のアルバイトを転々としていたと言います。その後、テレビのドキュメンタリー番組への出演をきっかけに人気タレントとなっていき、魚に詳しいさかなクンとして世間に定着していきます。そして、ついには東京海洋大学の客員助教授に就任したのです。

こんまりさんも、さかなクンも幼少期の「好き」を仕事にして、まったく新しい仕事を生み出しています。

僕の場合、それがたまたまボードゲームだったわけです。何がやりたいのかわからない。自分の好きなことに迷いが生じてきている。もしそんなふうに思い悩んでいるのなら、過去の自分を思い返すと良いかもしれません。

「好き」を細分化して分類する

「好き」とは言っても、それだけでは強みとして漠然としすぎです。さらにそれを細かくし内省してみましょう。

例えば、サッカーが好きだと言っても、その好きの種類は人によってさまざまです。プレイすることが好きなのか、試合を見ることが好きなのか。選手が好き、ゲームが好き、グッズを集めるのが好きなど、どう好きなのか具体的にしていくことです。

ボードゲームの場合だと、人と勝負して勝つのが好きな人もいれば、教えるのが好きな人もいる。珍しいゲームを集めることが好きな人もいれば、ボードゲームカフェをつくりたいと思う人もいます。

僕は、勝敗で楽しむゲームよりも、ゲームの途中、みんなで楽しむことができるボードゲームを好んでやっていました。そして、その楽しんでいる空間がとても心地よく大好きなのです。そのため、ボードゲームに関する職業の中でも勝負を賭けるプロゲーマーではなく、つくったり紹介したりする方向に向かったことは必然でした。

なぜ『人生ゲーム®』が今も流行っているのか

自分の理念のもととなった、僕なりの考えを説明します。今はテレビゲームやスマホゲーム、漫画などひとりでの時間つぶしに最適なものがあふれています。それらは、ボードゲームと比べて、無理に人を集めなくてもいいし、いちいちルールを説明しなくてもいいし、重いゲームのセットを運ばなくてもいいし、会場を決めなくても外でできるし、と誰でも手軽に楽しめます。冷静に考えると、今の時代ボードゲームをわざわざ選ぶ理由がほとんどありません。

でも、その中で『人生ゲーム®』が選ばれてずっと愛されているのは、ただただゲームをクリアしたいとか、ストーリーが面白いとか、誰かに勝ったとか「個での楽しみ」ではなくて、一緒にいる大切な人たち、仲間、家族と楽しみたい、と思っているからではないかなと思っています。

ひとりでは体験できない、仲間との感動を分かち合える空間を提供してくれるのが、このゲームの魅力であり、だからこそ、他の強力なエンターテインメントが数多くある中でも生き残っているんだと思います。

つまり多くの人は、いつも一緒にいる人たちと面白い時間を共有するために「ボードゲームで遊ぶのだ」と、自分の中で思っています。僕がボードゲームをつくってやってもらって一番嬉しいと思う瞬間は「ゲームには負けたけど、面白かった」と言ってもらえたときです。

「勝てるゲームは楽しい」「負けるゲームはつまらない」という人がいますが、僕はそうならないようにプロセスを大事にしてゲームを開発することを心がけています。

それが、僕がよく言葉にする「感動を分かち合う空間をつくる」という理念なのです。

行動することで「強み」がわかることもある

自分の強みを、強みとして自覚できている人はどれほどいるでしょうか？　僕もそうであったように、気づくことができていない人はかなりいると思います。

その**強みを自覚して、自信を持ち、活かしていこうと思わない限り、それは強みとはならない**と思います。

そのためにはまずどうするか。僕がおすすめしたいのは、いつも一緒にいる仲間、会社の同僚など、今までの延長線上の既存のコミュニティを飛び出すことです。なぜなら、そこにいる限り、自分の強みは、自分でも価値を感じてないし、周りの人も慣れてしまって、普通だと思ってしまっている、もしくはそもそも気づかれていない可能性が高いからです。

まったく違う人間関係の中に飛び込むことで、先入観のない人からあなたの強みはとても新鮮に思われて、指摘してもらえる機会が増えるはずです。たとえ指摘されなくても、周りとの違いに気づいて、自ら気づくことができることもあります。

僕も、自分の強みに気づくことができたのは前述した通り、ＭＡＲＫさんからの言葉でした。既存のコミュニティでは、僕はただのボードゲーム好きの変わった奴という認識だけ。特にそれがすごいことだとほめられた経験はありませんでした。他の人からの言葉で、自分にとっては普通のことが人にはない強みだと気づくことができたのです。

強み×好きなことで、ライバルがいない場所へ

とあるミーティングで「自分は助産師だけれど、ライターがやりたい」と言っている女性がいました。初めて会ったその女性は、実はライターを仕事にしてみたいけれど、それでは食えないのでは、と言うのです。

僕は、助産師はそのまま続けた上でライターとして活動する「助産師×ライター」というのは、ほかにライバルがいないブラックオーシャンなのではないか、と思いました。

助産師さんで、出産やそれにまつわる悩みや情報などをわかりやすく書ける人というのは、数少ないはずです。また医者ではなく、助産師さんだからこそ知っている情報も絶対あるはずです。自分の体験したことや、妊婦さんたちが知りたい情報を発信していくことで、新しい仕事が生まれるのではないか。「助産師である」ということが彼女の強みではないか、そう思えたのです。そう言うと、彼女は、そのことに初めて気づいたようでした。

おそらく、周りが医療関係者ばかりだと気づかない強みなのではないかな、と思いました。僕も同じように、ボードゲームのマニアの人たちとばかり一緒にいたので、自分はその人たちと比べて大して知識もないと常に思っていたからです。

それと同じように、ＳＥだけど法律に詳しいとか、教師だけど動画編集ができるとか、自分の好きなことと今の職業を掛け合わせて、できるだけライバルがいない場所、ブラックオーシャンを目指し、そこから「できること」を発信してみると、仕事が生まれると思うのです。

圧倒的な行動から チャンスが生まれる

学生時代から人と会い続け『７つの習慣®』ボードゲームを制作するまでに、僕は５０００人の人と会っていました。５０００人と会うなんて「非効率だ」「意味がない」などと思うかもしれませんが、これらの出会いが僕の人生を変えるきっかけとなったことは間違いないのです。

「世界で一番になれる可能性のあるポジションにいるのに、なぜそれを目指さないんだ？」

「『7つの習慣®』のボードゲームをつくることってできる？」

転機となったこれらの言葉はお会いした5000人のうちの二人からいただいたものです。これらの言葉をきっかけに、僕のその後の活動が大きく変わっていきました。

これを聞いて、「そんなのたまたま運が良かっただけだ」と思われるかもしれません。

正直、僕も自分は運が良かったと思います。しかし、その巡ってきた運を掴んでチャンスに変えるのは、自分自身です。

人気漫画『ワンピース』で、イワンコフというキャラクターが言う僕の好きなセリフがあるのですが、まさにこれだと思います。

「奇跡は諦めない奴の頭上にしか降りて来ない!!!!

〝奇跡〟ナメんじゃないよォ!!!!」

5000人に会い続けたから、ボードゲームにもビジネスとしての価値があるかもしれないと意識に変化が起きた。世界一になることを目指そうと思うようになった。『7つの習慣®』ボードゲーム制作の話をいただけた。つながりを大事にしてクラウドファンディングも成功した。何もかも圧倒的な行動を重ねたからこそ、次のステップに繋がるものを得ることができたのだと思っています。

僕の友人であり、ただのボードゲームのマニアだった頃から僕のことを知る丸山諒という男がいますが、彼は僕にこういっています。

「ソムリエ（僕のこと）は、ルーレットのココだ！って自分で感じた数字にずっと賭け続けて成功のきっかけを掴んだ奴だ」

そのとおりです。僕はそのルーレットを5000回、回しただけです。僕の場合、たまたま5000回で当たりが出ましたが、これが500回目の人もいれば、5万回の人もいるかもしれません。しかし、僕は何回であろうと回し続けたと思います。

これは僕だけでなく、皆さんにも同じことが言えます。運は誰にでも平等に巡ってきます。あとはそのチャレンジする回数をどれだけ増やせるか、それはもう、ルーレットがどうのこうのの話ではなく、自分の行動次第ではないでしょうか。

圧倒的に行動することで、強みもチャンスもつかめる可能性は大きく変わるのです。

人と比べられてる時点で「負け」

「誰もやってないこと」は、リスクなのでしょうか。

ここまで強みを見つけるための方法を書いてきましたが、それでも強みが分からない、見つからないと感じる人はいると思います。そんな人は強みをつくってしまえばいい。僕も強みに気づき、そしてつくった人間です。まだ世の中で表面化されていない、言語化されていない強みがあるはずです。そして、それを生かして世の中にない仕事をあなたが最初につくればいい。

「誰もやってない」ことは、恐れや不安が大きいかもしれません。でもそれは、裏を返せば競争相手がいない最高の環境です。先行者となって圧倒的に優位な立場を獲得することができます。前述したように、そこはブラックオーシャン、何の競争も駆け引きもいらないフィールドです。

スポーツやアーティストなど、すでに競争の激しい世界に身を投じれば、才能や努力が求められる厳しい競争の世界です。しかし、自分だけの得意な世界をつくってしまえば、必然的にオンリーワンになることができます。

この仕事を始める前、当時は、僕よりもボードゲームのことを知ってる人は多くいましたし、僕よりもボードゲーマーとして強い人もたくさんいました。

でもボードゲームを紹介したり、ボードゲームを多くの人に知ってもらおうと公言して実際に行動している人がいない。ボードゲームのマニアに向けてボードゲームを語る人は多くいるけど、一般の人に向けて、ボードゲームを説明する人はいない。ボードゲームソムリエという肩書きを、検索しても誰も名乗っていませんでした。

つまり、戦う相手は誰もいなかったのです。

僕は、ある意味負けず嫌いですが、人と争って勝とうとする負けず嫌いではありません。人と比べられた時点で「負け」。そう思ってきました。

誰とも争わない場所を探して、そこにたどり着く。そうすれば争わずに一番になれる。それは、まったく新しい強みかもしれないし、強みの掛け算でたどり着くことができることかもしれません。これが僕なりの戦略なのです。

「弱み」もわかっていると他人に頼ることができる

強みがわかったら、自分の弱みにも気づくことが大事です。自分は何ができないのか、何をしたくないのか。なぜかと言うと、強みや好きなことだけに専念できるように、やらないことを決めるためです。自分の得意なことだけやり、苦手なことはアウトソーシングして、他の人や会社に任せる。うまく役割分担を行うことで、自分の強みはさらに強化されていくからです。

僕は、正直ボードゲーム以外のことは人並み以下です。例えば、会社員時代に取引先とメールのやり取りをしていて、相手を怒らせてしまったことがあります。ある企業の人と重要なお金の話をフェイスブックのメッセージ機能でやりとりしていたのですが、相手から、「こういう話はメッセージですることではないですよね？」と言われてしまいました。

僕は、なぜそういわれるのかが分からず、それが原因で相手はさらにヒートアップ。

結果的に上司が間に入って解決してもらった、なんてこともありました。そのように、他の人は普通にこなせることなのに、問題を起こしてしまったことも多いです。

今でも、明白に覚えているのが、ある経営者に「君は、優秀な営業と組んだらすぐに成功するね」と言われたことです。よほど営業が下手だったのでしょう（笑）。

今は、ボードゲームという強みを活かせる場所にいて、自分の弱みを補ってくれる仲間がいます。だから、僕は常にボードゲームのことだけに専念して、夢中になっていられます。強みを全力で活かせています。

そのおかげで、どんどん成長して強みがさらなる大きな強みになっていく。好きなことに没頭できる最高の環境です。

そのため、強みを知ったら、自分の弱みを認めて、他の人を頼ることをおすすめします。自分一人で苦手なところまですべて解決するよりも、他の人と協力した方が圧倒的に早いですし、自分が苦手で嫌いなことが、ある人にとっては得意だということもあります。人生は思っているほど長くありません。あっという間に時間はすぎていってしまうので、得意なことだけに夢中になれるように、強みも弱みも把握して没頭できる環境をつくっていきましょう。

自分の才能が1時間以内にわかる方法

人と会う以外で、僕が信頼を置いている強みの見つけ方をひとつご紹介します。自分は他の人と何が異なって、どんなことが得意であるのか。人は、一人ひとり生まれ持った資質があります。それらを知る方法としておすすめしたいのが、「ストレングス・ファインダー」です。

これはアメリカの組織コンサルティング会社であるギャラップ社が開発した、人の「強みの元＝才能」を見つけ出すツールで、Ｗｅｂサイト上で１７７個の質問に答えていくものです。約40分間、すべての質問に答えることで、34の資質が順序づけて示されます。値段は89ドル。

もっと安いものだと書籍の付録になっていて、トップ5の資質だけをお手軽な値段で調べることのできる簡易版もあります。日本でも人材開発や研修の一環として取り入れている企業が多数あり、もちろん個人でも受けることができます。

僕の場合は、「調和性、分析思考、親密性、規律性、個性化」がトップ5に表れました。今の活動に当てはめてみると、見事に資質を活かしているなあと思います。調和性は、争いを好まず、人と競争したくないという資質です。そのため、誰も競争相手がいない「ボードゲームソムリエ」というフィールドで活動しています。

次に、分析思考と規律性は、ボードゲームを含む世の中のさまざまなコンテンツを分析して、ボードゲーム製作時に分析した情報をもとにルールをまとめ上げていくという形で、自然と資質を活かしていました。親密性と個性化についても、いろんな面白い人に会いに行って話したりして、仲良くなるという感じで、もともとやっていたことにそのまま当てはまります。

今やっていることが、自分の上位の資質を活かすことができていると、それが自分の得意なことなので、ストレスなく最高の状態で仕事をできます。もし今やっていることで、不快を感じることが多いなら、自分の資質を活かすことができていないのかもしれません。

自分は何を得意とする人間なのか、逆に何が苦手なのか。強みも弱みも知ることで、自分の強みを活かせる環境をつくるきっかけになると思います。

偉人の格言で「自分の軸」を知る

最後に僕が自分を見つめ直すときにやった方法の1つに「自分がピンときた名言を集める」という方法をご紹介します。

名言とは面白いもので、とても短い言葉の中にすごいエッセンスが凝縮されています。名言を見ると、気分が上がる、共感できる、勇気をもらえる……そんな気分になることが多くないでしょうか。

もちろん、人によって合う、合わない名言は当然あります。ということは、自分に合う名言をリストアップしていけば、自分の本質が見えるのではないかと思ったのがきっかけです。

やり方は簡単で、グーグル検索やツイッターなどで「名言」と調べます。個人的におすすめは、ツイッターで、いろんな人たちの名言がランダムでつぶやかれているｂｏｔと呼ばれるアカウントのつぶやきを見てみるのです。

そして、そのつぶやきの中で、自分がピンときた言葉をコピーしてメモ帳に貼り付けていく、これだけです。

このとき、誰の名言かもメモしておくことがポイントです。そして、まずは100個を目指して、まとめてみましょう。

まとめてみたら、それを見返してみてください。必ず、似たような表現の名言を集めていたり、同じ偉人の名前があるはずです。もし、ないというのなら、かなり感度が広いタイプなので、1000個でやってみましょう。

この同じような名言の内容や何回も出てくる偉人が出たら、今度はその偉人だけの名言集を調べてみてください。きっと、ランダムに名言を見ているよりも、あなたにピンとくる名言が多いはずです。

これを繰り返していくと、自分はこういうことを目指すことが好きなんだなとか、こういう考えなんだなという自分の大切にしている軸がわかってきます。

僕の場合、ウォルト・ディズニー、アルベルト・アインシュタイン、スティーブ・ジョブズ、オスカー・ワイルド、マーク・トウェイン、エピクテトスが好きで響くことがわかりました。この本の各章末にも、気に入った格言を載せています。

僕が好きな格言

自分に欠けているものを
嘆くのではなく、
自分の手元にあるもので
大いに楽しむ者こそ賢者である。

エピクテトス

名言を集めたとき、全く存在を知らなかった哲学者「エピクテトス」でしたが、僕の感性に合う名言が多かったのが印象的で、今の自分を振り返るきっかけや、あり方を教えてもらいました。

第5章

普通の人が好きなことで生きる技術2.0

「何をやっている人なのか」を覚えてもらう

好きなことで生きる、というのは実はノウハウさえあれば誰でもできると思っています。

ノウハウは技術と言い換えてもいいでしょう。

僕らは、ちょっと学べば地上約4000メートルの上空から飛び降りることだって、酸素ボンベを使って青い海に30分以上潜っていることもできます。

自分の好きなことで生きていくのも、それと同じ。

この章では、僕が実行した「好きなことで生きる」ノウハウをご紹介したいと思っています。

まずは「私はこういう人です！」と一言で伝えることができるか？　そして、あなたの知っている人が「この人はこういうことをやっています」と一言で紹介できるかです。

この「何をやっている人なのか」というのは非常に重要です。自分がどんなことをやっているのか他者の記憶に残すことで、これからの活動や仕事が大きく変わってくるからです。

実は大学生の時に本デビュー

僕は、大学4年生のときに、インタビューされて書籍に載ったことがあります。「面白いことをしている22歳の大学生22名にインタビューをして本を作る」という企画で声がかかったのです。その本のタイトルは『REAL22』（マリヨ リリコ著 トランスワールドジャパン刊）というもので、登場しているのは、水泳でロンドン五輪に出場した選手や、バスケのフリースタイル世界チャンピオン、FXの投資家など。そこに交じって、僕もボードゲームソムリエとして登場しました。これも今考えると、**ソムリエとして活動していたことが、誰かの記憶に残り、知り合いのつながりで、取材が実現したんだと思います。**

ちなみに、取材では、わざわざ自宅まで来て、大量のボードゲームに囲まれた僕を撮影したり、社会的なことまで話をしたりと、それなりに本格的でした。内容は恥ずかしくて、今となっては読めたものではないですが……。

自分を「見つけてもらう」手段を持つ

何をやっている人なのか、というコンセプトが決まれば、次は、それをほかの人に知ってもらわなくてはなりません。これは第3章でご紹介したお金を払ってアドバイスしてもらった

①肩書きをつくる
②名刺をつくる
③ブログをつくる

というのが基本スタンスだと思います。僕はこの3つをすることで「ボードゲームの人」という認識を広げることができました

繰り返しになるかもしれませんが、もう少し詳しく説明します。

まず**一つ目の肩書きを決めること**。これは、できれば、ほかに誰も名乗っていないものがベストです。

なぜかというと、第4章でもお伝えしたように、唯一の肩書きを名乗ることでライバルがいなくなるからです。同じ肩書きであれば、どうしても同じ土俵で「比較されて」戦うことになります。そうならないためにもオリジナルでかつ、わかりやすいものをつけるのがおすすめです。

僕はアドバイスされてから「ボードゲームソムリエ」という肩書きをつけました。そのころワインのソムリエや野菜ソムリエは有名でしたが、ボードゲームにソムリエをつけたらどうだろう、と思いつき、ネットで検索しても出てきませんでした。つまり僕だけの肩書きです。覚えやすくて、珍しい肩書き。自分のやりたいことが一発で伝わる肩書き。自分の強み×興味があるものなどを掛け合わせるのがポイントです。

そして、**二つ目は名刺をつくること**。紙の名刺というわけではなく今でいえば、**とにかくいろんなチャネルで自分の肩書きや連絡先があるものを持つこと**が大事だと思います。いつどこで、仕事につながるのか、というのはわかりません。チャンスを逃さないためにも、誰かがあなたに興味を持ってくれたら、連絡がとれるようにしておくのが大切です。相手によってツイッターはやっていても、フェイスブックはやっていないということも大いにあるので、できるだけ連絡手段を多く持つことが重要です。

また、世代によっては、名刺なんていらないと思う人もいるかもしれませんが、メールアドレスを伝えるためにも持っておきましょう。相手によってはSNSに詳しくないということもありえます。けれど、メールをやっていないという人はほとんどいないので、機会損失を避けるためにも、名刺は持っておいた方がよいと思います。

そして**三つ目は発信すること**です。発信はブログでなくてもかまいません。ツイッターやフェイスブック、インスタグラム、今であれば動画などでもいいのですが、好きなことで生きていくのならこの発信することが一番重要だと思います。

発信する手段を持ち、自分から発信しないことには、人々に自分という存在は一向に伝わりません。自分のキャラクターと発信する内容とが親和性が高いものを選択する。そして発信を続けていけば多くの人の目に触れるチャンスをつくることができます。

僕の場合、自分のブログを通して、2、3日に1回投稿していました。どこでどんなボードゲームを紹介したかを書いたり、オススメのボードゲームを書いたりして、とにかく内容は「ボードゲーム」のことだけに絞っていました。

すると、3ヶ月後には、ボードゲーム界隈で「ソムリエと名乗って活動している人がいる」と噂が広がっていたようです。今まで見たことない「ボードゲームソムリエ」

という名前も相まって、印象を残すことができたのです。

本やSNSでメンターを見つける

メンターというのは、人生の師匠的な意味合いが強いかと思いますが、僕の中では、**「この人の言ったことは絶対すべてやると誓える人」としています。**

いろんな人に会いに行ったりする人は多いですが、実際に聞いたことをすぐに行動に移す人は本当に少ないと思います。

僕にとっては、MARKさんのような方で、理想は直接会いに行って、教えてもらえるのが一番ですが、直接会うのが難しそうであれば、メンターの方の本を読んで片っ端から実践するという方法もあります。

もちろん、直接会っているわけではないので、行動に移すのはかなり大変だと思いますが、本当に人生を賭ける覚悟があれば、実行できると思います。

転機は後からわかる

もし、2人で会うチャンスをとりつけたら、そのときのポイントは、**いちいち「なぜ、これをやるんですか？」という理由を聞かずに言われたことをさっさとやること**。

いちいち、理由を聞き、やるかやらないかを自分の考えで判断する人は、結局は自分の枠の中でしか、行動ができない人です。それはつまり、いつまでたっても、自分の枠を破ることができず、くすぶってしまう人。そんな人を僕は数多く見てきました。

なぜ？　と聞いている暇があるなら、さっさとやって実行したほうがいいですし、そんなに信頼できないメンターなら、お互いに時間が無駄になると思います。

どうしても、不安があるなら、その通りやってから、「この人の教えてくれたこと、やってみたけどウソでした！」と言ってやる。そんな気概でとにかくやり切る。メンターはせっかく、あなたという人に大切な時間を提供してくれたのですから。

その時は本当に些細なことだと感じても、後から振り返ると大きなターニングポイントとなっていることがたくさんあります。何が、いつどうやって結果に繋がるかは誰にも分かりません。もしかしたら、今あなたが無駄だと思っていることも、いずれ大きな鍵になるかもしれません。

一人1時間とすると500時間、つまり僕は人と会うために200日以上の時間を費やしてきたことになります。メッセージを送って、会いに行って話を聞いたり、聞いてもらったりする。その時すぐに何かにつながらなくてもいいのです。むしろ、つながらないことがほとんどです。

例えば『7つの習慣®』ボードゲームの制作のお話を僕に持って来てくれた根本さんとは、最初の出会いですぐにそのような話になったわけではありません。後々、制作の話が本格化した時に、僕の存在を思い出してくれたためチャンスを掴むことができました。

人生のどん底の時に会いに行った経営者の前田一成さんから、「世界一を目指せ」と言っていただけた時、僕はそれまでボードゲームが仕事になったらいいなとは思っていたものの、どうすればいいかわからず、中途半端にやっていました。この出会いがなかったとしたら今も僕は大したことは成し遂げてはいなかったでしょう。
いつも同じメンバーと過ごしていると、僕はこういう人間だ、と自分もまわりの人間も思い込んでいるので、価値に気がつきにくくなります。たくさんの人に会って話したからこそ、自分の特性やボードゲームの価値に気がつくことができました。

やりたいことがない人こそ動け！

ここまでで、僕が「人に会って話すこと」を繰り返し伝えていることに気づきましたか？　人との出会いはチャンスを運んできてくれますが、**「やりたいこと」も、実は人との出会いによって生まれていきます。**

今、やりたいことがなくて悩んでいる人が多いのは当然です。なぜなら知らないことが多すぎるからです。

やりたいことは、知らないところからは生まれません。僕が「ボードゲームソムリエになりたい」と夢見たのも、ボードゲームをずっとやってきて数多くの種類を知っていて、その魅力にとりつかれたからです。そうでなければ、人に魅力を伝えたい、紹介したいという感情は湧いてきません。

「やりたいこと」に関して、あるテレビ番組で林修先生がこんなことを仰っていました。「やりたいこと」は、自らが知っている範囲の中でしか生まれないそうです。

例として、自分の親世代が「アプリ開発をやりたい」と思いつくわけもないですし、「ユーチューバーになりたい」とは考えつきません。このように「やりたいこと」は自分を取り巻く環境や状況によって、いくらでも変わっていく、と。

たしかに、野球を知らないアフリカ地域に住んでいる子供が、いきなり「大人になったら、野球選手になりたい！」と言い出すわけがありません。ケーキ屋を知らない子が「パティシエになりたい」と言うはずもありませんし、水族館に行ったことがなければ、「イルカやアザラシの調教師になりたい」とは思わないのです。

だからこそ、今やりたいことが見つからないと悩むのではなく、自分から動いてどんどん視野を広げていけばいいのだと思います。

オンラインサロンを活用する

SNSが発達したおかげで、人と繋がるのが簡単になりました。経営者だけに限らなくても、趣味の合う人や、面白そうな人を見つけて気軽にSNS上でやり取りすることができます。圧倒的に行動して、まったく新しい人と出会うなら、今はオンラインサロンという手段があります。

オンラインサロンの多くは月額課金制で、月々いくらかを支払います。合わなければ学校や会社と違って辞めることも簡単にできます。自分が目標としたい人や趣味の合いそうなテーマのサロンに入ってみるのもいいと思います。

サロンに加入すると、そのサロンを主宰しているオーナーとの交流はもちろん、同じサロン仲間ということで、多くの人と繋がることができます。

ネットでのつながりとはいっても、会員同士が好きなスポーツをするために集まったり、読書が好きなら読書会が開催されたり、単にどこかに遊びに行く、飲み会をするなど、リアルで会うさまざまなイベントがあります。

今、自分が所属しているコミュニティだけにいたら、数年後もあなたはおそらく何も変化していないでしょう。今までと違うコミュニティに飛び込むことで何が変わるのか。それは、いろんな人の新しい思考や知識に触れられることです。そして新しい出会いも生まれます。

今、僕も編集者である箕輪厚介さんが主宰する「箕輪編集室」というオンラインサロンに入っています。そこで、多くの人にボードゲームの楽しさを知ってもらうために、イベントをかなりの頻度で開催しています。箕輪編集室でも、僕は「ボードゲームの人」と覚えてもらうことができています。そしてこのオンラインサロンでは、さまざまなグループがあり、ライターチーム、デザインチーム、ＰＲチーム、イベントプロデュースチーム、そして関東や中部などの全国各地のエリアグループ。それらはどんどん増え、メンバーはそれぞれ好きなグループに複数入って、大勢の人とつながっているのです。

そして、ここでの出会いがこの本を作成する原動力にもなりました。実は、この本の推薦文を書いてくれた箕輪さんはもちろんですが、ライターやデザイナー、編集者、この本を制作した人たちがすべて箕輪編集室のメンバーなのです。

さらにツイッターなどＳＮＳなどでも応援してもらったり、意見をもらったり……。本を作るという目標に向かって、大勢のメンバーとひとつになれたというのは僕にとって心躍る最高にエキサイティングな時間でした。

相手が求めるものを提供する

好きなことを強みとして仕事をして、継続的に関係を続けたいなら大事なことがあります。それは**「相手が求めるものを提供すること」**。

ここに、プロフェッショナルとアマチュアの違いがあります。言い換えると、お金を稼げている人と稼げていない人との違いはこれだと言ってもいいでしょう。

好きなことへの情熱が強い人、いわゆるオタクであるほど自分の世界観にこだわってしまい、相手の要望を聞かなかったり、押し付けてしまったりするところがあります。自分個人の好みを良かれと思い、強く出してしまいがちなのです。しかし、それは相手が求めていることでしょうか？

これを僕に教えてくれた人は、「世界茶会」の岡田宗凱《そうがい》さん。茶会を広めたいとグローバルに活躍されていて、誰もが知る世界的なアーティストにお茶を点てたこともある方です。

この方は大手企業からお茶のイベントの依頼を受けているのですが、ある時、都合で依頼を断るために「自分と同じようなことをやっていて、しかも無料で提供してくれる人がいますよ」と伝えたそうです。

しかし、クライアントは「あなたにお願いしたい」と頼んできたとのこと。

理由は簡単で、岡田さんは企業側であるクライアントの声に耳を傾けて仕事をしていたから。ここに価値があったのです。

いくら無料でも、クライアントのやりたいことをまともに聞かず、自分のこだわりで好きにつくるだけではプロではないのです。仕事を頼む側の要望を聞いた上で、それに見合った素晴らしいものを提供してくれる人に依頼したいと思うのは当たり前のことでしょう。

僕もこの話を聞いてから、より一層、相手にとって喜んでもらえるやり方を意識するようになりました。相手が、自分に求めるものを本気で想像して、それに応えること。こうすることで、仕事での信頼が高まってくると思うのです。

「お金をもらう」という決断をする

「お金をもらう」と決断することは、意識するだけの簡単なことに思えるかもしれません。しかし、お金をもらわずに、ただ好きなことをやってきた自分には、とても難しいことでした。例えば、あなたが絵を描くことがとても好きな人だとしましょう。絵がうまく、とても評判が良くて、ある日友達から、自分の家族へのプレゼントに絵を描いてほしいとお願いされた時、「じゃあ、いくらちょうだい」とか「お金は支払ってもらえるの？」と尋ねることはできるでしょうか？

言うのは勇気がいると思います。僕も同じでした。自分が好きでやっていることなのに、お金をもらっていいんだろうかと罪悪感がとても強かったことを覚えています。

好きなことは趣味のままでいいと、それでお金を稼ごうと考えていない人はそのままで良いと思います。一方、まだどうしようか迷っている人は、自分はこれでお金を稼いで生きていきたいのか、そうでないのか、しっかり考えるべきです。


僕がちゃんとお金をもらおうと思ったきっかけは日本テレビの番組で『人生が変わる1分間の深イイ話』にも出演したことがある、当時東大トレーダーだった田畑昇人《しょうと》さんと出会ったときのことです。お互い専門分野で活躍していた話（もちろん僕はボードゲームで、田畑さんはＦＸ）で盛り上がり、彼の紹介で大手企業の部長にインターンのプログラムとして、ボードゲームイベントができないかを提案しに行きました。

結果的に、ボードゲームは面白がってもらえて、実際に利用してもらうことになったのですが、先方から言われたのは、「じゃあ、そのボードゲームをうちの会社に送ってもらえる？」というもの。

つまり、その部長の代わりに、販売元にゲームを注文してその企業へ発送するだけ。しかも、マージンも一切もらえず、ただの情報提供と代行注文をしただけで、結局、ノーギャラで終わったのです。

田畑さんたちといろいろ考えて、資料もつくって、相手の会社に足を運び、インターンに合うゲームを紹介したのに、結果は0円……と、これには非常にショックを受けました。

『7つの習慣Ⓡ』ボードゲームで注目されるまでは、こういったパターンがほんと多かったので、すごい記憶に残っており、それ以来、情報提供はよほどのことがない限り、有料でやると決意したのです。

でもこうして、「お金をもらう覚悟を決める」ことで意識が変わりました。

そして、お金をいただくことで「これは趣味ではなくビジネスだ」という自覚が生まれ、考え方も変わっていきました。もちろん、お金を支払う側でも求める内容の真剣さが違います。そして、それらのフィードバックもきっちり受け取ることで、改善に活かそうと素直に受け止め、さらに成長する糧になります。逆に無料で提供していると「そうはいっても、無料で提供しているわけだから」と言い訳ができてしまうのではないでしょうか。

僕はお金をもらう覚悟を持つことで、「お金の価値以上のことを提供しよう」という意識になり、結果として評判が上がったり、人からまた声をかけてもらえたりと次に繋がっていきました。

実績を積み重ねる

もちろん、最初からお金をもらう、というのはハードルが高いかもしれません。人は、価値を見出してこそ、お金を払うものだからです。それには「本当にいいものか」「実績はあるのか」といった不安を払しょくしなければなりません。

例えばまったくのど素人でインタビュー記事を書きたいと考えてる人がいるとしま

しょう。その人がいきなり企業に「いくらでインタビュー記事書きます！　依頼待ってます！」などと言っても、依頼は来ないでしょう。それは、実績のない人に頼んでも、どんな記事があがってくるかわからないからです。

しかし、「過去に、これだけインタビュー記事を書いてきました。ブログもＰＶが毎月10万あり、文章力はあります。」と実績を言われると、じゃあ依頼してみようかなと考えますよね。

僕の場合は、ボードゲームを好きでやっていたので、そのときお金をもらうことを考えておらず、それを何千人とやって、それが実績にたどり着いた感じです。これはとてつもなく効率が悪いので、実績がないなら、最初は無償でやって、実績をつくるという考え方はビジネスとしては定石です。

肩書きに合った実績をどうつくるか。無償でやって、体験してくれた方から声をもらえば、立派な実績の出来上がりです。

SNSで炎上を経験してわかったこと

少し目立つ活動をすると、必ず批判的な声が届きます。あなたは見知らぬ人からディスられた経験はあるでしょうか。

実は昔、僕が書いたブログが、ボードゲーム界隈の人たちの間で炎上したことがありました。そのころブームになっていた人狼について、辛口な批評をしたことがきっかけです。

ブログは普段のアクセス数の10倍以上。僕のコメントを引用して、ツイッターやブログで批判されたのです。たしかに当時の僕は、意気込みが空回りして、今の自分から見ると「ちょっとヤバイ奴」と思える、尖った言動だったのも事実です。でも、**寄ってたかって叩かれるのは、初めてのこと**でした。

そもそも、僕がボードゲームソムリエを名乗り始めたころから、悪口は目に見えて増えていました。

ボードゲームのマニアと呼ばれるような人たちは、みな僕よりも年上で、知識も上です。自分たちよりもボードゲームを知らない若僧が、何を洒落た肩書きを名乗っているんだと思う人もいたのでしょう。

特にショックだったのは、それまで僕が活動せずに単なるマニアだった頃は一緒に遊んでいた人たちが、ボードゲームを知ってもらおうと僕が活動すればするほど、距離を置いたり、知らないところで否定したりすることでした。

僕はボードゲームを知らない人に向けて、ブログを書いていましたが、当時、ボードゲームという単語がほとんど話題にあがらなかった頃だったので、見に来るのはマニアックな人たちばかりでした。

わかりやすく説明するために、大胆に説明を要約すれば、ここぞとばかりに、「このゲームでこのルールを説明しないことはおかしい」と絡んできます。

結局のところ、当時、ブログで書いたものは、マニアな人がチェックしにくるだけで、新しい人に届けることがほとんどできなかったため、ツイッターやブログを封印し、僕はリアルな活動を加速させることにしました。

●○○○○

そして、炎上に対しては必要以上に絡まずに「こういう考えの人もいる」という程度の認識でいればいいのではという考えに落ち着きました。

これらのことは体験してみないとわからなかったことです。目的さえはっきりすれば、失敗でもないし、炎上体験もこうやってネタになるのです。

ディスられたら「自分は行動している」という証拠

もし、あなたの活動や発信にケチをつける人が現れたら、それは行動し、目立っているということ。批判や意見が届いた時は、「よし、この人の目に届く行動を起こすことができたんだ」とポジティブに考えるといいと思います。

マイナスな声はどうしても目立ちやすく、届きやすいもの。それを見て、落ち込むかもしれませんが、そんな必要はまったくありません。ディスる人がいるということは、逆にそれまであなたが活動してきて応援してくれた人も必ずいたはずです。

株式会社ZOZOに勤めるサラリーマンでありながらツイッターのフォロワーが20万人を超える田端信太郎さんは、著書『ブランド人になれ！　会社の奴隷解放宣言』（幻冬舎刊）の中で「炎上しない人間は燃えないゴミだ」とも仰っています。行動しているから賛否の声があがる。何もしてなければ誰からも絡まれることはない、それでは行動していないのと一緒なのです。

失敗は自分が成長するきっかけをくれるイベント

また活動していくと、「やっちゃった」という失敗もたくさんあると思います。しかし、失敗はネタに、そして、伝説になります。

大学2年生のとき、大手企業のOB訪問で僕はアロハシャツとビーチサンダルで行ってしまったことがあります。当時は、真夏だったので、そういう格好をしていたのですが、担当者に注意されるまで、アロハシャツとビーサンで企業に訪問してはいけないということを知りませんでした。

そのくらい常識がない人間だったのですが、今となっては講演会などでのウケるエピソードの一つとなりました。

大学まで、あれほど失敗を恐れていた僕は、大勢の人と会い、どん底の経験をしたことで、失敗しても大丈夫、と思えるようになりました。

そして、僕は周りの人に恵まれていたおかげでいろんなことを学ぶことができました。社会人として2ヶ月しか経験をしていなかったことで、ふつうの人よりたくさんの失敗を味わってきました。でも、今となっては良かったと思えます。

失敗は、「してはいけないこと」「惨めな思いをする残念なイベント」ではなく、「自分が成長するきっかけをくれるイベント」だと思えるようになったのです。

自分の人生の伝説を増やすきっかけになります。そう考えるようになれば、チャレンジすることは失敗しようがしまいが、どっちに転んでも楽しいものになっていくはずです。

僕が好きな格言

人は善いか、悪いかじゃない。面白いか、退屈かのどちらかだ。

オスカー・ワイルド

アイルランドの作家「オスカー・ワイルド」の格言。「自分の好きなことをやる」と批判の声も出てきたりしますが、それをすべて吹き飛ばしてくれた、この言葉は今も大好きです。

あとがき

ボードゲームソムリエ、という新しい仕事をつくったことで、友人の金子顕寛から、久喜東中学校に呼ばれて講演をしたことがあります。

ぼくがどのように好きなことを仕事にしたのか。そして強みを見つけるにはどうしたらいいのか。僕は1時間という短い時間で、できるだけ多くのことを伝えたいと、話をしました。

そして、後日、大勢の生徒さんから、分厚い束の感想をもらい、大きな勇気をもらったので、最後にここで、ご紹介したいと思います。（本人とわからないように、若干編集しています）。

『私には夢があるのですが、その夢はリスクが大きく、金銭的な面も不安定で、自信が持てていませんでしたが、松永さんの講演を聞いて、あきらめなくても良いかもと思うことができました。「その分野で駄目でも、自分が1番になれる場所を見つければ良い」という言葉にすごく自分を奮い立たせるエンジンになるくらい、心に残りました。』

『松永さんがおっしゃっていた、大好きなことで生きていくために、肩書きを持つ、憧れる人に会う、ブログをつくる、名刺をつくる、教えてもらったことを絶対やってみるなど、どれも今の私に必要なことばかりで、とても勉強になりました。ボードゲームという、新しい世界を松永さんが広げていけたことと同様に、私は私なりの新しい世界を世界中の人に発信していけたらなと思いました。』

『講演を聞くまで、「大好きなことで生きていく」なんてできないのだろうとずっと思っていました。私の好きなことに対して周りは引いてしまうことが多かったからです。趣味というのは1人だけで楽しんで終わるものという考えが、講演を聞いて変わりました。』

そう、中学生は素直なのです。みなさんも、この本を読んで、自分の好きなことで食べていけるかもしれない、と少しでも思ってくれたら、こんな嬉しいことはありません。

最後に感謝を。

この本を作るにあたり、僕の人生はたくさんの人との出会いを通して、成長してきたことを改めて実感しました。

本の掲載を許可してくださったみなさまはもちろん、この本に記載できなかった多くの方々、そして2度にわたるクラウドファンディングで協力してくれたみなさん、僕はみなさんのおかげで新しい仕事をつくることができました。本当に感謝してもしきれません。ありがとうございます。


そして『7つの習慣®』ボードゲームのプロジェクトを、会社の命運をかけて全力で取り組んでくれた「いないいないいないばぁ」の社長以下、メンバー全員に。あの決断がなかったら今の僕はなかったことでしょう。本当にありがとうございます。


そして、この本を制作するにあたって協力してくれた箕輪編集室のメンバー。

まずはライターチームのリーダー橋田佐樹さん、中村綺花さん、森椙愛子さん、氷上太郎さん、石川勝紘さん、新井大貴さん、岩崎湧治さん、志村貴史さん、颯さん、嶋田敬史さん、余語晋之介さん。デザインチームのリーダーの平岡和之さん、サブリーダーの小野寺美穂さん。メディアチームのリーダーの森川亮太さん、PRチームリーダーの平部弓さん他みなさん、運営チームの柴山由香さんを始めとした、本当に大勢のみなさん。

また、今回の書籍にあるボードゲームの内容の確認をしてくださった小野卓也さん、ボードゲームの情報交換をはじめ、今でもお世話になっている草場純さん、日独協会で出会い、一緒にボードゲームのイベントをしてくださる遠藤勇矢さん、そして、この本の編集を担当いただいた木村香代さん、この本が出るご縁をつなげてくださった野田千穂さん。

今までたくさんの本を読んできて、本は1人では作れないということを頭ではわかっていたつもりでしたが、実際にやってみると本当にその通りで、大変な作業だということを痛感しました。これだけ素晴らしい本にすることができたのも、みなさんのおかげです。

そして、僕の小さいころからの友人たち、今も一緒にイベントでマニアックなボードゲームに付き合ってくれるメンバー。そして、ずっと温かく見守ってくれた兄弟と両親。「あなたはボードゲームで世界一になる」と僕がそれを決断するずっと前から、その未来を信じて、いつもそばにいてくれる最愛の妻に心から感謝を。

最後に、これからボードゲームという新しい魅力に出会うみなさんへ。

僕はこれからも、たくさんの方に感動を提供する活動を続けていきます。これからも、ボードゲームソムリエをよろしくお願い致します。最後までお読みいただき、ありがとうございました。

松永直樹

［著者］

松永直樹（まつなが・なおき）

ボードゲームソムリエ、ボードゲームデザイナー。世界のボードゲームのプロフェッショナル。1990年生まれ。公務員の家庭に生まれ、６歳で『人生ゲーム®』に出会い、１人でマス目をひたすら読んで遊ぶほど没頭する。中学生の時に、『カルカソンヌ』という世界で一番権威のある賞を受賞したボードゲームの面白さにハマり、以後、青春すべてをボードゲームに注ぎ込むようになる。大学３年生の時に、ドイツで開催される世界最大のボードゲームの祭典に参加し、初海外の体験で文化の違いを知り、衝撃を受ける。帰国後、ボードゲームの魅力を提供する「ボードゲームソムリエ」として活動を開始。

様々なコミュニティに赴き、累計5000人以上にボードゲームを感動サプライズとして提供するエンターテイナーとして活躍。

活動を通して、多くの人に出会い、その縁で『７つの習慣®』のボードゲーム制作をオファーされ、デザイナーデビュー。

『７つの習慣®』のボードゲームは、クラウドファンディング「Makuake」において、日本で行われたボードゲームのクラウドファンディングプロジェクトで史上初の1000万円を突破し、話題になった。また２年後に制作した『７つの習慣®』ボードゲームの２作目『７つの秘宝』もクラウドファンディングにおいて1000万円を突破し、史上２作目の快挙となる（この２作以外で、日本において、1000万円を突破したボードゲームは存在しない）。

その後、大手企業のボードゲームから、人気漫画『キングダム』のボードゲームまで、さまざまなボードゲーム開発や監修の依頼を受けるだけでなく、『マツコの知らない世界』をはじめとするメディア活動にて、ボードゲームの魅力の発信や自分の大好きなことで生きることをテーマとした講演も行っている。また企業のボードゲームの研修コンサルティング、東京大学にてボードゲームの特別講師として登壇するなど、エンターテインメント以外の分野での活動も行う。

戦略と情熱で仕事をつくる
——自分の強みを見つけて自由に生きる技術

2019年7月24日　第1刷発行

著　者————松永直樹
発行所————ダイヤモンド社
〒150-8409　東京都渋谷区神宮前6-12-17
http://www.diamond.co.jp/
電話／03･5778･7236（編集）　03･5778･7240（販売）
装丁･本文デザイン･DTP— 平岡和之、小野寺美穂（箕輪編集室）
ジャバラデザイン一式— 大谷昌稔
写真————森川亮太（箕輪編集室）
製作進行————ダイヤモンド・グラフィック社
印刷・製本————勇進印刷
編集協力————橘田佐樹、柴山由香（箕輪編集室）
編集担当————木村香代

ISBN 978-4-478-10790-4